Bildquellen:

|Thinkstock, Sandyford/Dublin: Evgeny Prokofyev Titel.

Schroedel
westermann

Elemente der Mathematik

EdM

Arbeitsheft

9

Lösungen • Rheinland-Pfalz

Elemente der Mathematik

Lösungen
Arbeitsheft 9 – Rheinland-Pfalz

Herausgegeben von
Prof. Dr. Heinz Griesel
Prof. Helmut Postel
Friedrich Suhr
Werner Ladenthin
Matthias Lösche

Bearbeitet von
Julia Berlin-Bonn, Dr. Beate Goetz, Bodo Paul Hoffmann, Daniel Kiok, Jens Köcher, Werner Ladenthin, Matthias Lösche, Ines Petzschler, Friedrich Suhr, Klaas Wiggers

Lösungen zu Arbeitsheft 9 Rheinland-Pfalz, Bestellnummer 88527

westermann GRUPPE

Druck A² / Jahr 2018
Alle Drucke der Serie A sind im Unterricht parallel verwendbar.

Redaktion: Lena Schenk, Claus Peter Witt
Umschlagsentwurf: LIO Design GmbH, Braunschweig
Innenlayout: JANSSEN KAHLERT Design & Kommunikation GmbH, Hannover
Illustrationen: Dietmar Griese, Laatzen
Zeichnungen: Langner & Partner, Hemmingen; Schlierf Type & Design, Lachendorf
Druck und Bindung: westermann druck GmbH, Braunschweig

ISBN 978-3-507-88528-8

1.1 Lineare Gleichungen der Form ax=by+c

3

1. a) $x + y = -1$

x	−3	−2	−1	0	1	2	3
y	2	1	0	−1	−2	−3	−4

b) $-x + 2y = 2$

x	−3	−2	−1	0	1	2	3
y	−0,5	0	0,5	1	1,5	2	2,5

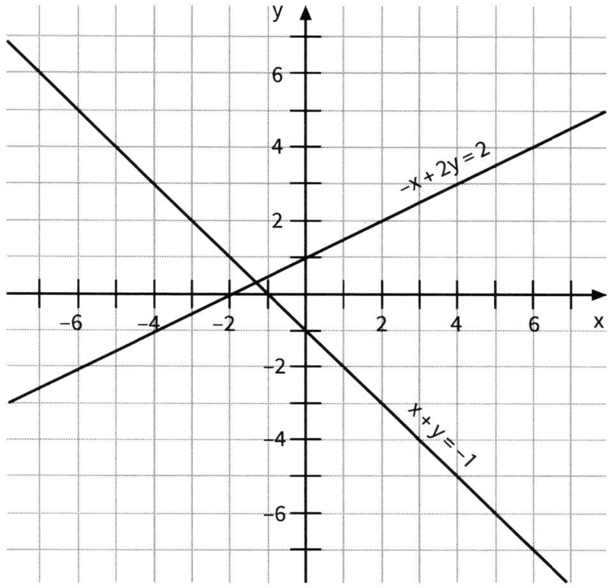

2. a) $2x + y = 10$
(−4 | 18)
(−2 | 14)
(2 | 6)
(5 | 0)

b) $-2x + \frac{1}{3}y + 4 = 0$
(0,5 | −9)
(2 | 0)
(5 | 18)
(1,6 | −2,4)

c) $\frac{2x + 2y}{4} = -2$
(−2 | −2)
(2 | −6)
(1 | −5)
(−6 | 2)

d) $y + x = 4$
(−2 | 6)
(−1 | 5)
(0 | 4)
(4,25 | −0,25)

3. (1) $y = 2$ Parallele zur x-Achse, schneidet die y-Achse bei $y = 2$.

(2) $y = x$ Winkelhalbierende durch den ersten und dritten Quadranten

(3) $x = -3$ Parallele zur y-Achse, schneidet x-Achse bei $x = -3$

Funktionen sind (1) und (2)

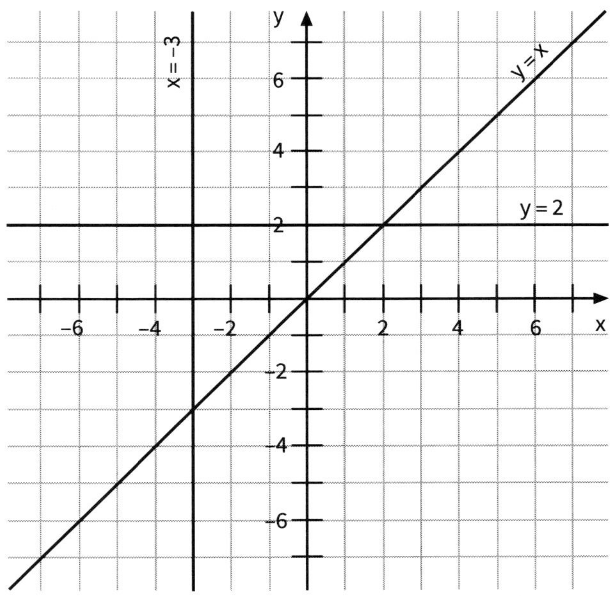

1.2 Systeme linearer Gleichungen – Grafisches Lösungsverfahren

4

4. a) (1) g: $y = 3x + 6$
(2) h: $y = -3x$

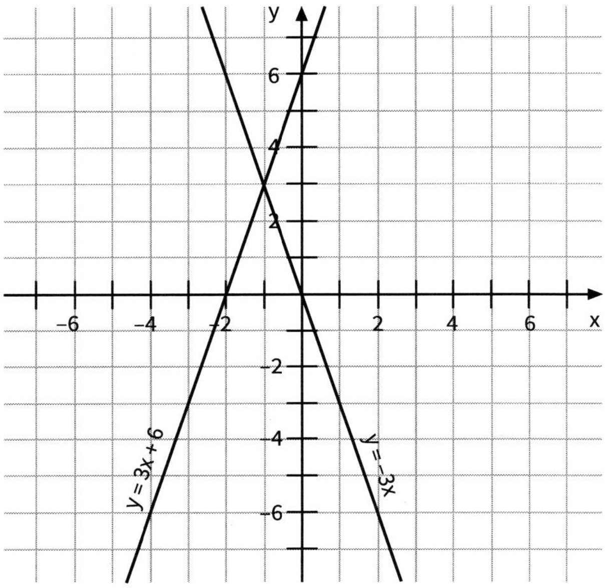

b) (1) g: $x = -4$
(2) h: $y = -3$

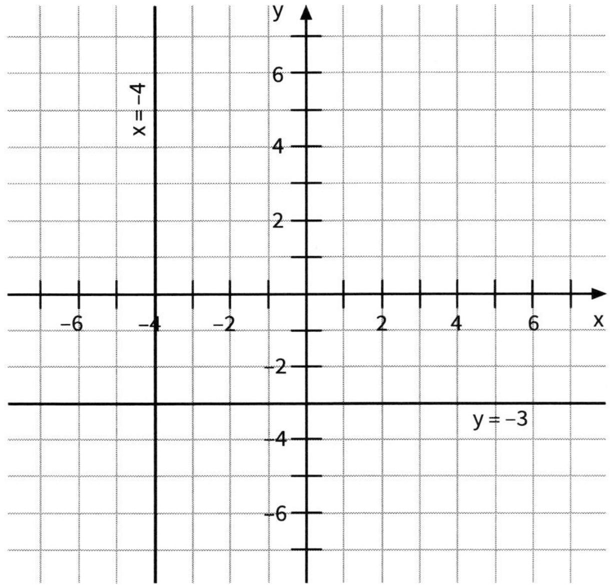

c) zum Beispiel: g: $y = 2x + 1$
h: $y = x$
Schnittpunkt $S(-1 \mid -1)$

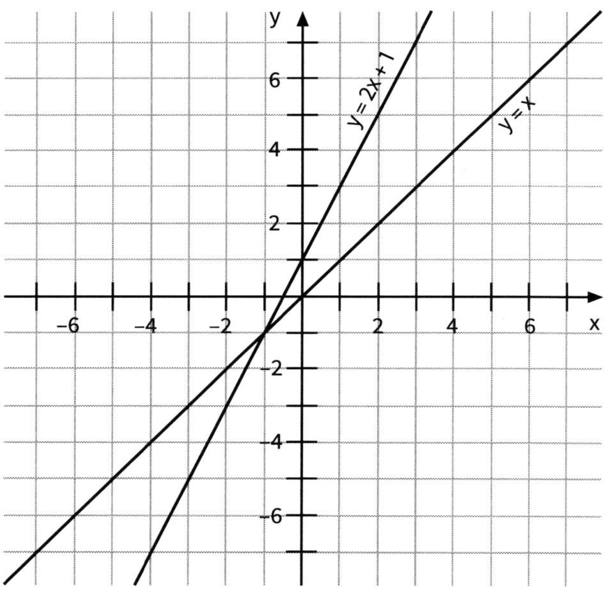

5 **5.**

$\left\lvert \begin{array}{r} -4x+2y = 10 \\ 3x-3y = -9 \end{array} \right\rvert$	$\left\lvert \begin{array}{l} y = 2x+5 \\ y = x+3 \end{array} \right\rvert$	$L = \{(-2\mid 1)\}$	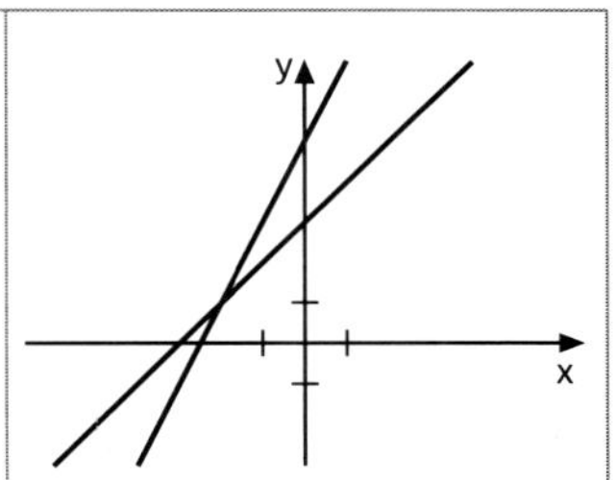
$\left\lvert \begin{array}{r} -x+0y = 2 \\ -x+4y = -2 \end{array} \right\rvert$	$\left\lvert \begin{array}{l} x = -2 \\ y = \frac{1}{4}x - \frac{1}{2} \end{array} \right\rvert$	$L = \{(-2\mid -1)\}$	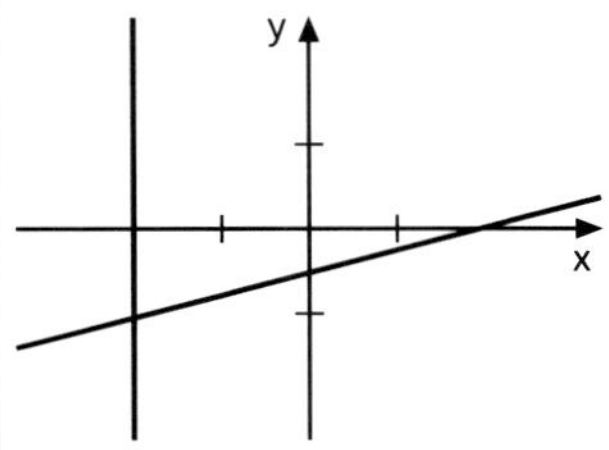
$\left\lvert \begin{array}{r} 12x - = 8 \\ 4y = 2 \end{array} \right\rvert$ $3x - y$	$\left\lvert \begin{array}{r} y = 3x-2 \\ 2y = 6x-4 \end{array} \right\rvert$	$L = \{(x\mid y) \mid y = 3x-2\}$	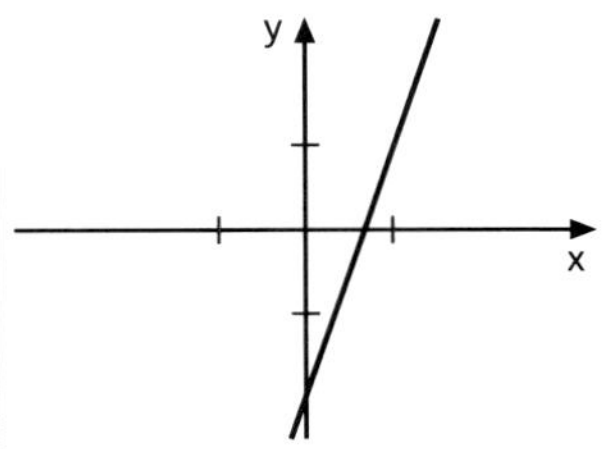
$\left\lvert \begin{array}{r} -3x+6y = 6 \\ 3x+6y = 6 \end{array} \right\rvert$	$\left\lvert \begin{array}{l} y = 0{,}5x \\ y = -\frac{1}{2} + 1 \end{array} \right\rvert$ $+1$	$L = \{(0\mid 1)\}$	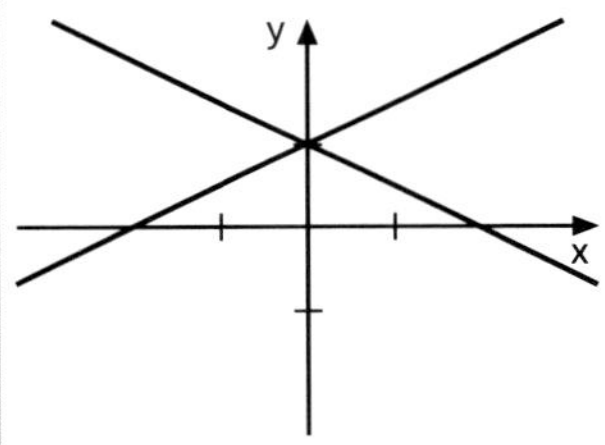
$\left\lvert \begin{array}{r} 3x+0y = 6 \\ 0x+3y = 6 \end{array} \right\rvert$	$\left\lvert \begin{array}{l} x = 2 \\ y = 2 \end{array} \right\rvert$	$L = \{(2\mid 2)\}$	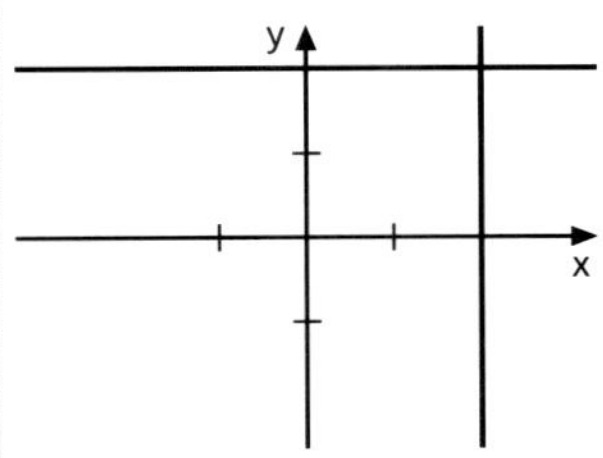
$\left\lvert \begin{array}{r} 3x-y = 1 \\ 3x-y = -1 \end{array} \right\rvert$	$\left\lvert \begin{array}{l} y = 3x \\ y = -1 \end{array} \right\rvert$ $3x$ $+1$	$L = \{\ \}$	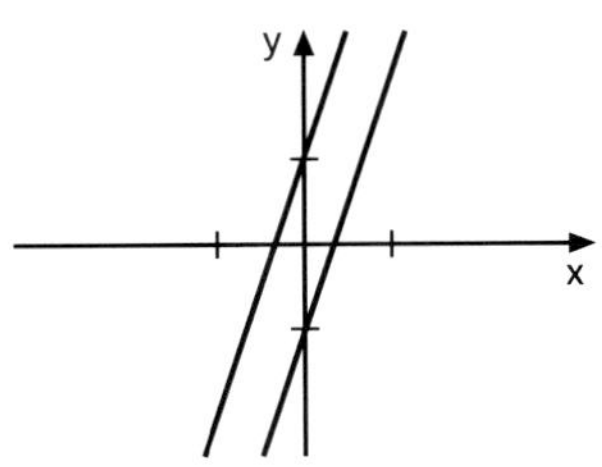

6 **6. a)** i und h **b)** g und h **c)** h und i **d)** i und g

6 **7. a)** $\left| \begin{array}{r} 5y = 2x + 4 \\ y = -\frac{1}{3}x + 3 \end{array} \right|$ $L = \{3 \mid 2\}$

b) $\left| \begin{array}{r} x - 2y = -2 \\ x - 2y = 2 \end{array} \right|$ $L = \{\ \}$

c) $\left| \begin{array}{r} y = 1 \\ x + y = -1 \end{array} \right|$ $L = \{-2 \mid 1\}$

d) $\left| \begin{array}{r} y = 2x + 2 \\ 2y = -x + 1 \end{array} \right|$ $L = \left\{-\frac{3}{5} \middle| \frac{4}{5}\right\}$

1.3 Gleichsetzungsverfahren

7 **8. a)** In der 2. Gleichung des letzten Gleichungssystems heißt es $y = -1$.

b) Der Fehler liegt im 3. Gleichungssystem. Die erste Gleichung lautet: $3a - 90 = -20a - 4a$

$\left| \begin{array}{l} 9a = 270 - 3b \\ -20a - 4a = b \end{array} \right|$

$\left| \begin{array}{r} -3a + 90 = b \\ -24a = b \end{array} \right|$

$\left| \begin{array}{r} -3a + 90 = -24a \\ -24a = b \end{array} \right|$

$\left| \begin{array}{r} a = -\frac{30}{7} \\ -24a = b \end{array} \right|$

$\left| \begin{array}{l} a = -\frac{30}{7} \\ b = \frac{720}{7} \end{array} \right|$

9. x: Anzahl der Kinder

y: Anzahl der Erwachsenen

$\left| \begin{array}{r} x + y = 480 \\ 2x + 4y = 1270 \end{array} \right|$

$\left| \begin{array}{l} y = 480 - x \\ y = 317{,}5 - \frac{1}{2}x \end{array} \right|$

Gleichsetzen der rechten Seiten der Gleichungen:

$480 - x = 317{,}5 - \frac{1}{2}x$

$\frac{1}{2}x = 162{,}5$

$x = 325$

$y = 480 - 325 = 155$

$L = \{(325 \mid 155)\}$

325 Kinder und 155 Erwachsene haben eine Tageskarte gekauft.

1.4 Einsetzungsverfahren

8 **10.** $\left| \begin{array}{r} 3x - 5y = -14 \\ y = 6 - x \end{array} \right|$ Man löst eine Gleichung nach einer Variablen auf.

$\left| \begin{array}{r} 3x - 5 \cdot (6 - x) = -14 \\ y = 6 - x \end{array} \right|$ Man setzt den umgestellten Term in die andere Gleichung ein.

$\left| \begin{array}{r} 3x - 30 + 5x = -14 \\ y = 6 - x \end{array} \right|$ Man berechnet den Wert der zweiten Variablen und setze diesen ein.

$\left| \begin{array}{l} 8x = 16 \\ y = 6 - x \end{array} \right|$

$\left| \begin{array}{l} x = 2 \\ y = 6 - 2 = 4 \end{array} \right|$

$L = \{(2 \mid 4)\}$ Man notiert die Lösungsmenge.

11. –

1.5 Additionsverfahren

9 **12.a)** Florian hat die 9 Kisten Leergut von Frau Aquarius, direkt mit den 7 neu gekauften Kisten verrechnet. Damit bekommt sie 2y zurück.
Herr Bibamus muss hingegen 2y Pfand bezahlen.

b) Durch Addition der Gleichungen ergibt sich $9x = 35{,}91$. 9 Kisten kosten also 35,91 €.

c) $\left| \begin{array}{r} 2x + 2y = 13{,}58 \\ 7x - 2y = 22{,}33 \end{array} \right|$

$\left| \begin{array}{r} 2x + 2y = 13{,}58 \\ 9x = 35{,}91 \end{array} \right|$

$\left| \begin{array}{r} 2x + 2y = 13{,}58 \\ x = 3{,}99 \end{array} \right|$

$\left| \begin{array}{r} 7{,}98 + 2y = 13{,}58 \\ x = 3{,}99 \end{array} \right|$

$\left| \begin{array}{l} y = 2{,}80 \\ x = 3{,}99 \end{array} \right|$

13.a) $\left| \begin{array}{r} 2x + 5y = 12 \\ 3x - 5y = -7 \end{array} \right| \; +$

$\left| \begin{array}{r} 5x = 5 \\ 3x - 5y = -7 \end{array} \right| \; :5$

$\left| \begin{array}{r} x = 1 \\ 3 \cdot 1 - 5y = -7 \end{array} \right|$

$\left| \begin{array}{l} x = 1 \\ y = 2 \end{array} \right|$

b) $\left| \begin{array}{r} 6x - 2y = 6 \\ -3x + 5y = 9 \end{array} \right| \; \cdot 2$

$\left| \begin{array}{r} 6x - 2y = 6 \\ -6x + 10y = 18 \end{array} \right| \; +$

$\left| \begin{array}{r} 8y = 24 \\ -6x + 10y = 18 \end{array} \right| \; :8$

$\left| \begin{array}{r} y = 3 \\ -6x + 10 \cdot 3 = 18 \end{array} \right|$

$\left| \begin{array}{l} y = 3 \\ x = 2 \end{array} \right|$

c) $\left| \begin{array}{r} 7x + 2y = 9 \\ 9x + 3y = 12 \end{array} \right| \; \begin{array}{l} \cdot(-3) \\ \cdot 2 \end{array}$

$\left| \begin{array}{r} -21x - 6y = -27 \\ 18x + 6y = 24 \end{array} \right| \; +$

$\left| \begin{array}{r} -3x = -3 \\ 18x + 6y = 24 \end{array} \right| \; :(-3)$

$\left| \begin{array}{r} x = 1 \\ 18 \cdot 1 + 6y = 24 \end{array} \right|$

$\left| \begin{array}{l} x = 1 \\ y = 1 \end{array} \right|$

1.6 Sonderfälle beim rechnerischen Lösen

10 **14.** $\left| \begin{array}{r} \frac{1}{4}x + y = -1 \\ y = -\frac{1}{4}x \end{array} \right|$ $\left| \begin{array}{l} 0 = -1 \\ y = -\frac{1}{4}x \end{array} \right|$ $L = \{\ \}$

$\left| \begin{array}{r} \frac{1}{4}x + y = 0 \\ y = -\frac{1}{4}x \end{array} \right|$ $\left| \begin{array}{l} 0 = 0 \\ y = -\frac{1}{4}x \end{array} \right|$ $L = \{(x \mid y) \mid y = -\frac{1}{4}x\}$

$\left| \begin{array}{r} \frac{1}{2}x + y = 0 \\ y = -\frac{1}{4}x \end{array} \right|$ $\left| \begin{array}{l} x = 0 \\ y = 0 \end{array} \right|$ $L = \{(0 \mid 0)\}$

15.a) $\left| \begin{array}{r} 2m = 2n - 8 \\ 2n - 8 = 2n - 4 \end{array} \right|$

$\left| \begin{array}{r} 2m = 2n - 8 \\ -8 = -4 \end{array} \right|$

$L = \{\ \}$

b) $\left| \begin{array}{r} 6x + 3{,}5y = -4 \\ 12x \quad = -6 \end{array} \right|$

$\left| \begin{array}{r} 6x + 3{,}5y = -4 \\ x = -\frac{1}{2} \end{array} \right|$

$\left| \begin{array}{l} y = -\frac{2}{7} \\ x = -\frac{1}{2} \end{array} \right|$

$L = \{(-\frac{1}{2} \mid -\frac{2}{7})\}$

c) $\left| \begin{array}{r} x - 2(x - 6) = 4 \\ y = x - 6 \end{array} \right|$

$\left| \begin{array}{r} -x + 12 = 4 \\ y = x - 6 \end{array} \right|$

$\left| \begin{array}{l} x = 8 \\ y = 2 \end{array} \right|$

$L = \{(8 \mid 2)\}$

16.a) $-12x = -4y + 4$ **b)** $y = 3x + 2$ **c)** $3x - 4y = -4$

1.7 Vermischte Übungen

10 **17.a)** $\begin{vmatrix} -x+2y=0 \\ -2x+y+3=0 \end{vmatrix}$ **b)** $\begin{vmatrix} 3x+2y=3 \\ -x+y=-1 \end{vmatrix}$ **c)** $\begin{vmatrix} 1-y=0 \\ x=2y-3 \end{vmatrix}$

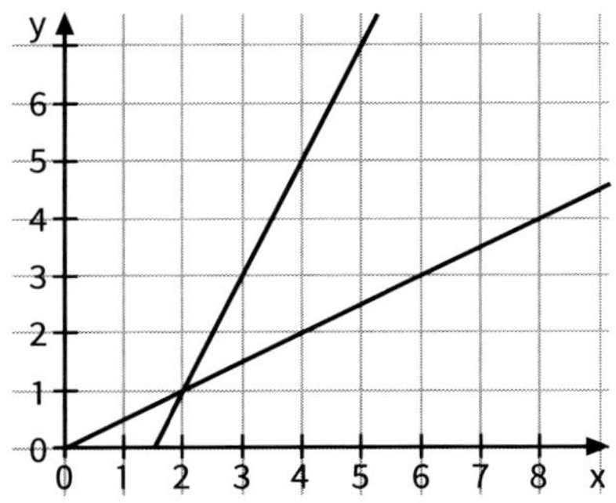

L = {(2 | 1)}

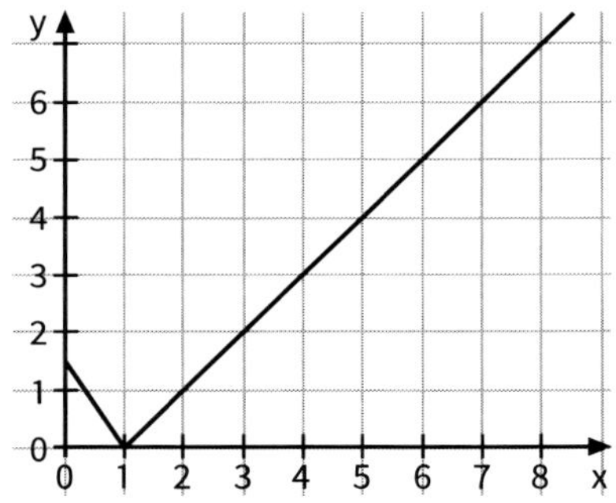

L = {(1 | 0)}

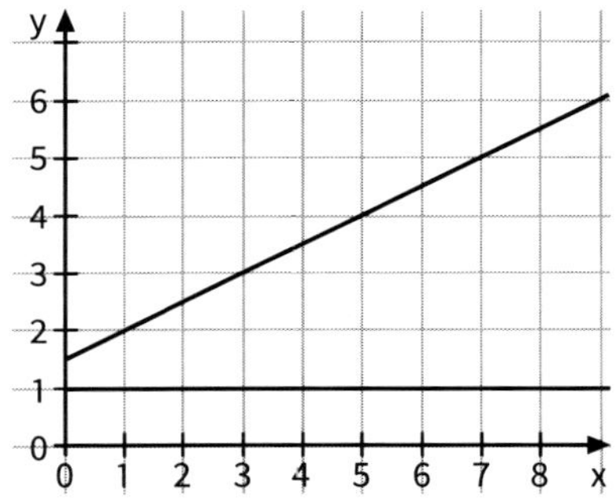

L = {(–1 | 1)}

11 **18.** Die Aufgaben 1, 3, 4, 6 und 7 können mit dem Gleichungssystems gelöst werden.
Die Lösungsmenge ist L = {(7 | 9)}.

19. Gleichung 1: $x + y = 72$ x: Autos

Gleichung 2: $4x + 2y = 232$ y: Motorräder

$\begin{vmatrix} x+y=72 \\ 4x+2y=232 \end{vmatrix}$

$\begin{vmatrix} x=72-y \\ 4\cdot(72-y)+2y=232 \end{vmatrix}$

$\begin{vmatrix} x=72-y \\ 2y=56 \end{vmatrix}$

$\begin{vmatrix} x=44 \\ y=28 \end{vmatrix}$

Es stehen 44 Autos und 28 Motorräder auf dem Parkplatz.

1.8 Modellieren mithilfe linearer Gleichungssysteme

12 **20.a) (1)**

Zeit (in h)	Entfernung des Pkw (in km)	Entfernung des Lkw (in km)
0	0	35
1	130	115
0,5	65	75
0,6	78	83
0,7	91	91

(2)

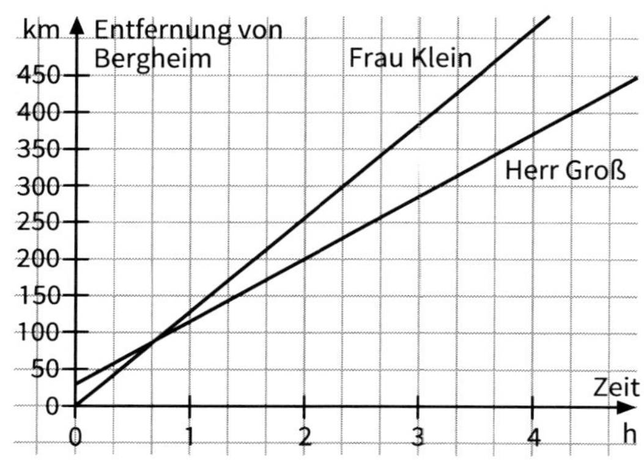

(3) x = Zeit in h y = Entfernung

$\begin{vmatrix} y=35+80x \\ y=130x \end{vmatrix}$

$130x = 35 + 80x \quad | -80x$
$50x = 35 \quad | :50$
$x = 0{,}7$

Nach 0,7 h = 42 min holt Frau Klein Herrn Schmidt in einer Entfernung von $130\cdot 0{,}7 = 91$ km von Berghein ein.

12 **20.b)** Am sichersten ist die algebraische Variante, jedoch ist die Formalisierung aller Informationen in den Gleichunen anspruchsvoll.
Die grafische Lösung kann mit kleineren Mess- und Zeichenungenauigkeiten behaftet sein.
Bei der Tabelle hängt die Garantie der Lösungsermittlung von den gegebenen Zahlenwerten ab, da die Intervalle variabel festgelgt werden müssen (in dieser Lösung mit 0,1h).

c) Als Näherung sind die Angaben okay, im Verkehr kommt es allerdings immer zu Verzögerungen, weswegen nur mit durchschnittlichen Angaben gerechnet werden kann. Die Wahrscheinlichkeit, dass sich Frau Klein und Herr Groß an der erwarteten Stelle treffen, ist also gering.

1.9 Systeme von mehr als zwei linearen Gleichungen mit mehr als zwei Variablen

13 **21.** Til:

$$\left|\begin{array}{l} -x+2y-z=1 \\ 2x-y+z=0 \\ x+y+2z=9 \end{array}\right|$$

$$\left|\begin{array}{l} -x+2y-z=1 \\ 3y-z=2 \\ 3y+z=10 \end{array}\right|$$

$$\left|\begin{array}{l} -x+2y-z=1 \\ 3y-z=2 \\ -2z=-8 \end{array}\right| \quad :(-2)$$

Also ist $z=4$ und dann $3y-z=2$

$$y=\frac{2+z}{3}=\frac{2+4}{3}=2$$

Es ist dann $x=-1+2y-z$

$=-1+4-4=-1$

Ergebnis: $\{(-1|2|4)\}$

Fabienne:

$$\left|\begin{array}{l} -x+2y-z=1 \\ 2x-y+z=0 \\ x+y+2z=9 \end{array}\right|$$

$$\left|\begin{array}{l} -x+2y-z=1 \\ 3y-z=2 \\ -3y-3z=-18 \end{array}\right|$$

$$\left|\begin{array}{l} -x+2y-z=1 \\ 3y-z=2 \\ -4z=-16 \end{array}\right|$$

Also ist $z=4$ und dann $3y-z=2$

$$y=\frac{2+z}{3}=\frac{2+4}{3}=2$$

$\Rightarrow x=-1+2y-z$

$=-1+4-4=-1$

Ergebnis: $\{(-1|2|4)\}$

22. Variablen:
x: Anzahl der 1-Bett-Zimmer
y: Anzahl der 2-Bett-Zimmer
z: Anzahl der 3-Bett-Zimmer

Gleichungen:
Gleichung 1: $x+2y+3z=49$
Gleichung 2: $x+y+z=27$
Gleichung 3: $x=2z$

Multiplikation der Gleichung 2 mit 2 und Subtraktion von Gleichung 2 von Gleichung 1 ergibt:
$-x+z=-5$
Einsetzen von $x=2z$ liefert: $z=5$
Damit folgt $x=10$ und $y=12$.
Ergebnis: Es gibt 10 1-Bett-Zimmer, 12 2-Bett-Zimmer und 5 3-Bett-Zimmer.

Bist du kompetent im Argumentieren und Kommunizieren Vergleichen von Tarifen ?

14

23.

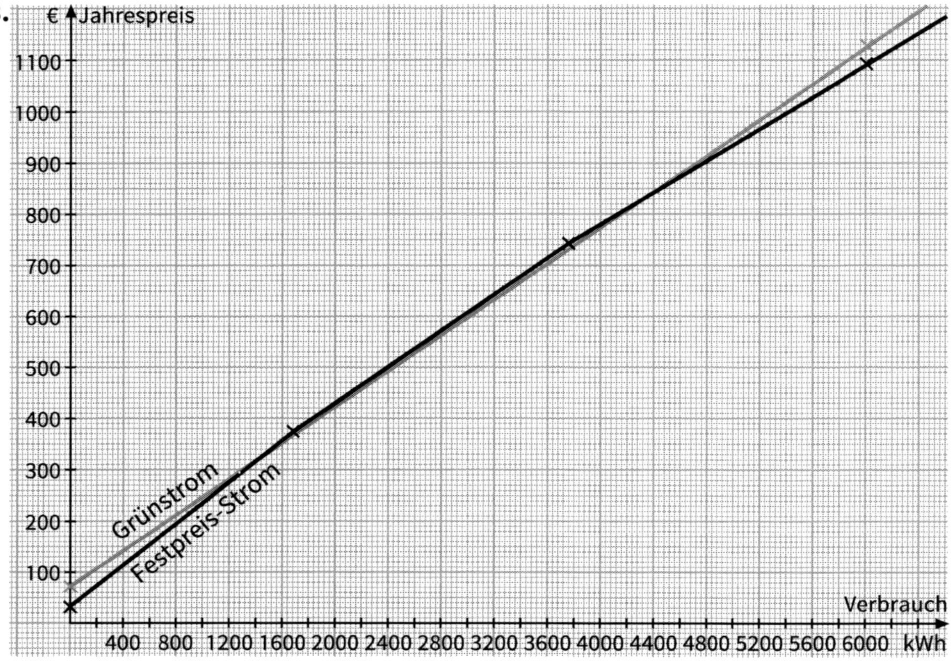

Am Verlauf der beiden Graphen sieht man, dass bis zu einem Verbrauch von etwa 1400 kWh der Tarif "Festpreis-Strom" günstiger ist. Bei einem höheren Verbrauch bis etwa 4400 kWh sollte man sich für Grünstrom entscheiden. Liegt der Stromverbrauch höher als 4400 kWh ist wieder der Festpreis-Strom der günstigere Tarif.

24. Man sollte u.a. auf Festpreise und Arbeitspreise in Abhängigkeit vom Verbauch achten.

2.1 Ähnliche Vielecke

15 **1.**

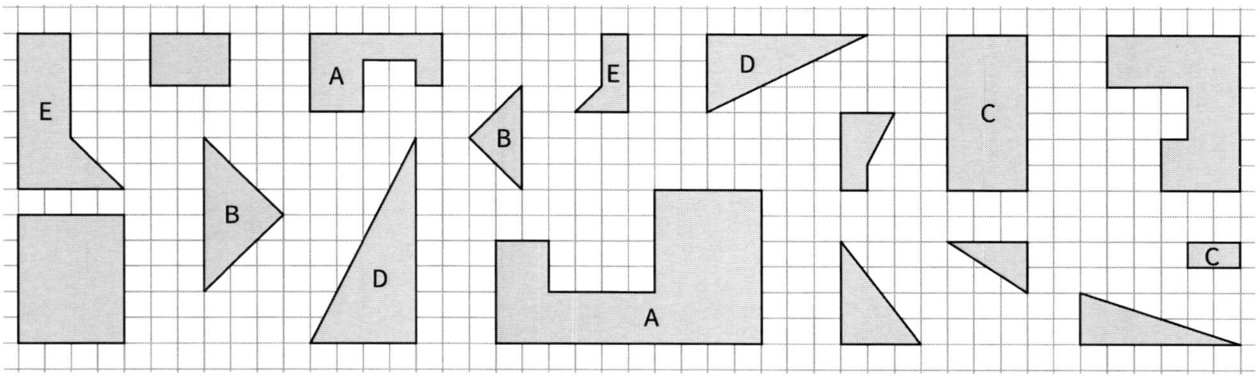

2. a)

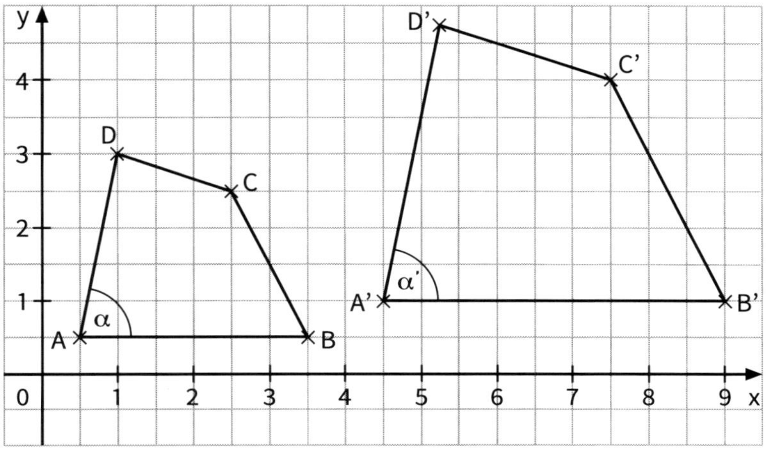

b) |AB| = 7,1 cm | |NK| = 1,5 cm
|BC| = 5 cm | |KL| = 2,7 cm
|CD| = 5,4 cm | |LM| = 2,5 cm
|DA| = 3,2 cm | |MN| = 3,55 cm
$\alpha = 63{,}5°$ | $\kappa = 139{,}5°$
$\beta = 82°$ | $\lambda = 75°$
$\gamma = 75°$ | $\mu = 82°$
$\delta = 139{,}5°$ | $\nu = 63{,}5°$

Ähnlichkeitsfaktor k = 2

|AB| ≙ |MN| | $\alpha \triangleq \vartheta$
|BC| ≙ |LM| | $\beta \triangleq \mu$
|CD| ≙ |KL| | $\gamma \triangleq \lambda$
|DA| ≙ |NK| | $\delta \triangleq \kappa$

Die Vierecke sind zueinander ähnlich.

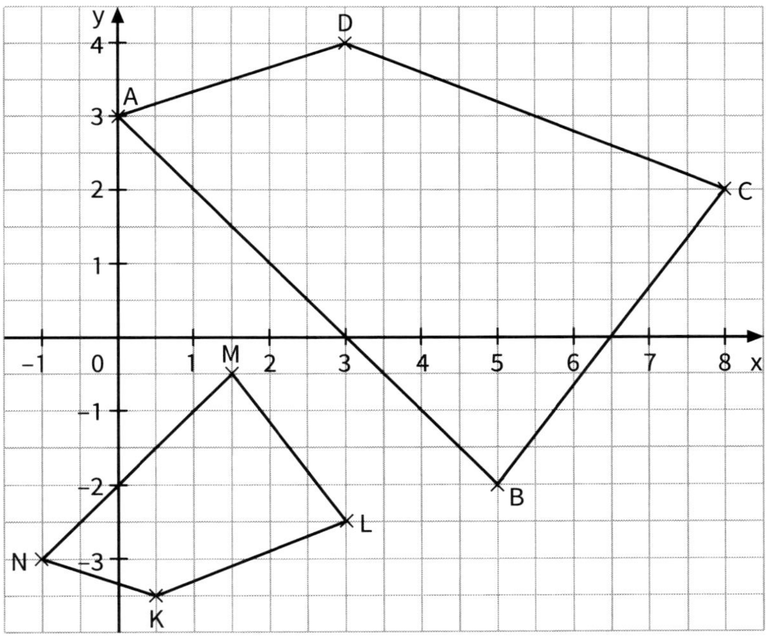

16 **3. a)** $\frac{|AB|}{|UV|} = \frac{3}{4}$ **b)** $\frac{|PQ|}{|GH|} = \frac{3}{2}$ **c)** $\frac{|CD|}{|XY|} = \frac{5}{7}$ **d)** $\frac{|EF|}{|LM|} = \frac{3}{2}$

16 **4.**

	1 cm entspricht 250 m	1 cm entspricht 750 m	1 m entspricht 5 mm	2 m entspricht 1 m	1 cm entspricht 20 km	1 cm entspricht 87 cm
Maßstab	1 : 25 000	1 : 75 000	200 : 1	2 : 1	1 : 2 Mio	1 : 87
Original	1,2 km	13,5 km	0,2 mm	5,50 m	80 km	35 m
Bild	4,8 cm	18 cm	4 cm	11 cm	4 cm	40,2 cm
Anwendungs-beispiel	Landkarte	Landkarte	Feinmechanik Bauplan	Modellbau	Weltkarte	Modellbahn H0

2.2 Flächeninhalt bei zueinander ähnlichen Figuren

5.

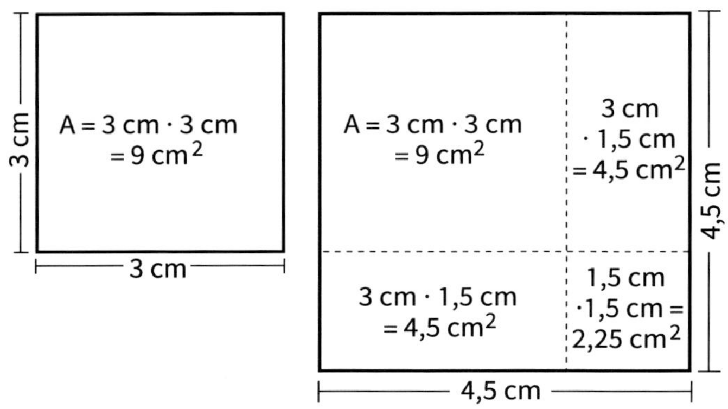

$A = 4{,}5\text{ cm} \cdot 4{,}5\text{ cm} = 20{,}25\text{ cm}^2$

6. a)

	Seite a	Seite b	Flächeninhalt	Ähnlichkeitsfaktor	Flächenverhältnis
Rechteck 1	3,5 cm	2,45 cm	8,575 cm²	k = 2,4	5,76
Rechteck 2	8,4 cm	5,88 cm	49,392 cm²		

b)

	Seite c	Höhe h_c	Flächeninhalt	Ähnlichkeitsfaktor	Flächenverhältnis
Dreieck 1	6 cm	3 cm	18 cm²	k = 0,8	0,64
Dreieck 2	4,8 cm	2,4 cm	11,52 cm²		

c)

	Seite a	Höhe h_a	Flächeninhalt	Ähnlichkeitsfaktor	Flächenverhältnis
Parallelogramm 1	12 cm	6 cm	72 cm²	V = 1,118	1,25
Parallelogramm 2	13,416 cm	6,708 cm	90 cm²		

2.3 Zentrische Streckung

17 **7.**

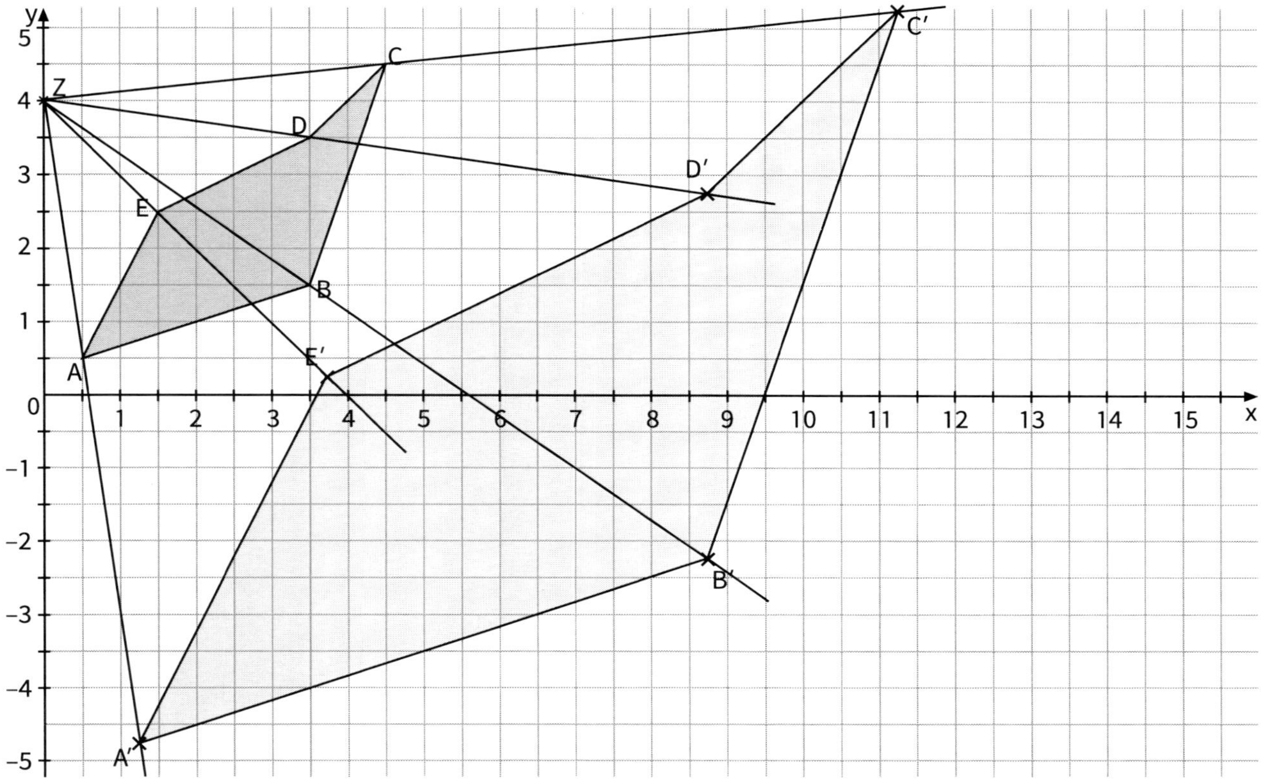

8. a)/b)/c)

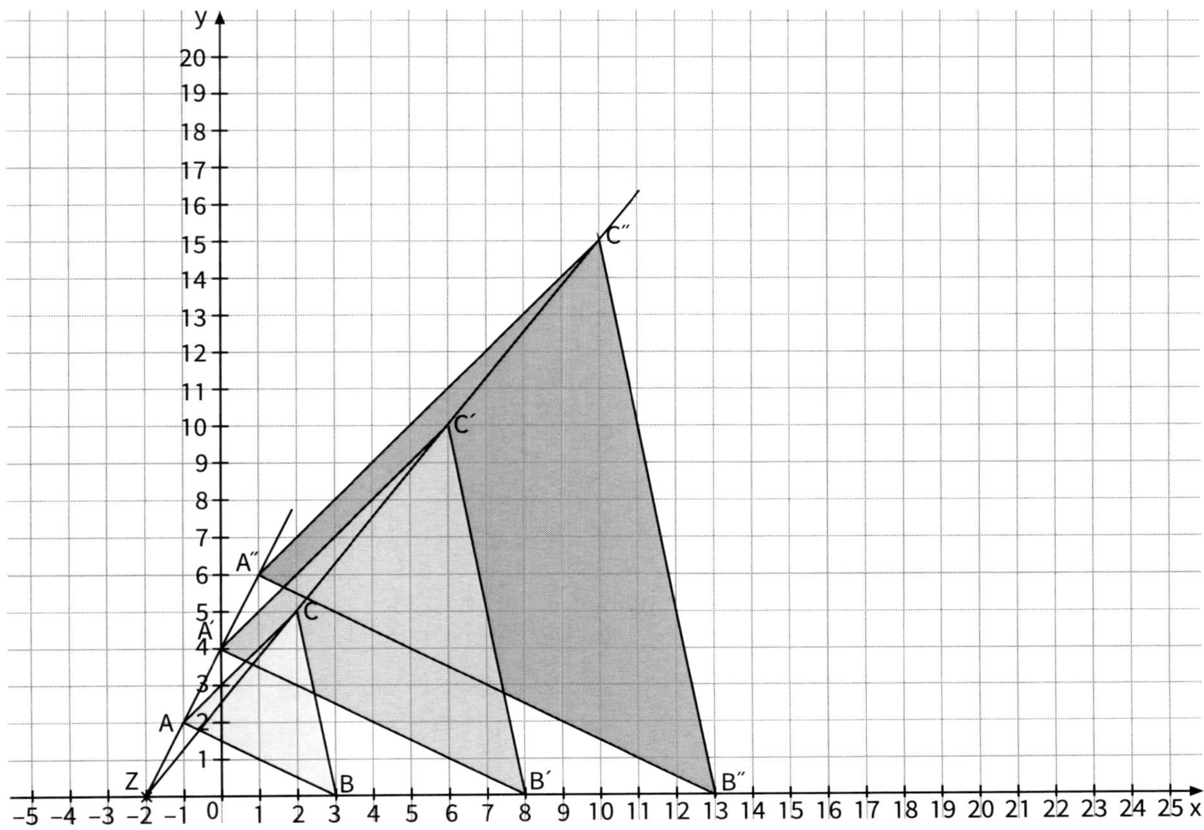

18 **9.**

Aussage	Wahr	Falsch
Strecke und Bildstrecke sind orthogonal zueinander.		✕
Strecke und Bildstrecke sind gleich lang.		✕
Winkel und Bildwinkel sind gleich groß.	✕	
Eine Bildstrecke ist k^2-mal so lang wie die Originalstrecke.		✕
Der Flächeninhalt der Bildfigur ist gleich dem der Originalfigur.		✕
Dreieck und Bilddreieck sind immer kongruent zueinander.	✕	
Originalfigur und Bildfigur haben den gleichen Umlaufsinn.	✕	
Der Flächeninhalt der Bildfigur ist k^2-mal so groß wie der der Originalfigur.	✕	

2.4 Ähnlichkeit bei beliebigen Figuren

10. Ähnlich zueinander sind: A und D; B und E; F und H; C und G

2.5 Ähnlichkeitssatz für Dreiecke

11.

Die Dreiecke sind nicht ähnlich zum Dreieck ABC, da die entsprechenden Winkel nicht übereinstimmen.

19 **12.** Es ist:

$\alpha + \beta + \gamma = 180°$ $\quad | \gamma = 90°$

$\alpha + \beta + 90° = 180°$

$\alpha + \beta = 90°$

Dann ist

AHC:

$\alpha + 90° + \gamma_2 = 180°$

$\alpha + \gamma_2 = 90°$

$\alpha + \gamma_2 = \alpha + \beta$

$\gamma_2 = \beta$

HBC:

$90° + \beta + \gamma_1 = 180°$

$\beta + \gamma_1 = 90°$

$\beta + \gamma_1 = \alpha + \beta$

$\gamma_1 = \alpha$

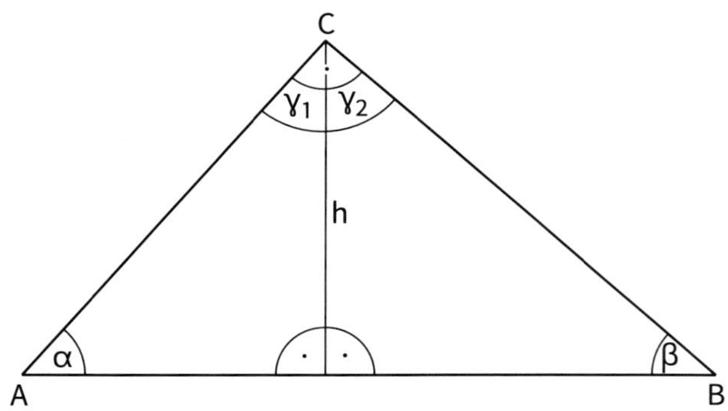

Somit:

Winkel im Dreieck AHC: α, β, 90°

Winkel im Dreieck HBC: α, β, 90°

Die Dreiecke haben die gleichen Innenwinkel und sind somit ähnlich.

2.6 Beweisen mithilfe des Ähnlichkeitssatzes

19 **13.** $|DF| = 4\text{ cm} = 2 \cdot |FG|$
$|EF| = 2\text{ cm} = 2 \cdot |FH|$
$\alpha = \beta = 90°$
Die Dreiecke sind ähnlich zueinander, da ein Winkel und das Verhältnis der angegebenen Seiten gleich lang sind.

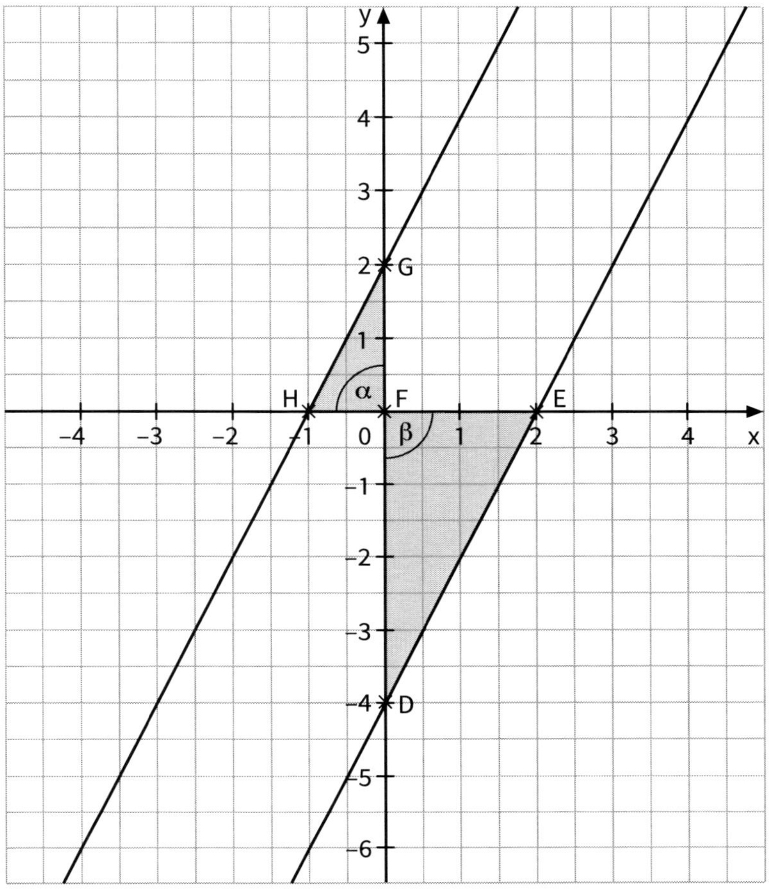

2.7 Strahlensätze

14.a) Beide Antworten sind falsch. Richtig ist $a : (a + b) = x : y$ und $y : (c + d) = x : c$

b)

a	b	c	d	x	y	$\frac{x}{y}$	$\frac{a}{b}$	$\frac{a+b}{a}$
2 cm	1 cm	2 cm	1 cm	1 cm	1,5 cm	$\frac{2}{3}$	2	1,5
3 m	1 m	4 m	$\frac{4}{3}$ m	0,5 cm	$\frac{2}{3}$ cm	0,75	3	$\frac{4}{3}$
3 dm	6 dm	7 dm	14 dm	7 dm	21 dm	1 : 3	0,5	3

20 **15.** Es ist $\frac{2\text{ cm}}{60\text{ cm}} = \frac{350\text{ cm}}{60\text{ cm} + x}$; Umformen und Kürzen ergibt: $\frac{1}{30} \cdot (0{,}6\text{ m} + x) = 350\text{ m}$;

also ist $x = 30 \cdot (350\text{ m} - 0{,}02\text{ m}) = 10\,499{,}4\text{ m}$ und das Schiff hat eine Entfernung von $60\text{ cm} + x = 10\,500\text{ m}$

16.a) Beide Antworten sind falsch. Richtig ist $\frac{|AS|}{|DS|} = \frac{|SB|}{|SC|}$ und $\frac{|SA|}{|AB|} = \frac{|SD|}{|CD|}$

b)

|AS|	|BS|	|CS|	|DS|	|AB|	|CD|	|AB| : |CD|
6 cm	12 cm	4 cm	2 cm	9 cm	3 cm	3 : 1
6 m	$\frac{8}{3}$ m	8 m	18 m	4 m	12 m	$\frac{1}{3}$

20 **17.** $\frac{18}{30} = \frac{x}{15}$, also $x = 9$. Der Kanal ist 9 m breit.

21 **18.** –

2.8 Umkehrung des 1. Strahlensatzes für Halbgeraden

22 **19.** Damit die Querlatten parallel sind, muss gelten: $\frac{70}{46} = \frac{62}{41}$; $\frac{41}{21} = \frac{46}{24}$; $\frac{116}{24} = \frac{103}{21}$
Man sieht also, das die Querlatten nicht ganz parallel sind. Wenn man die Ungenauigkeit durch das händische Bauen mit einbezieht kann man sagen, dass die Querlatten für das Auge annähernd parallel sind.

20. x und y sind in allen drei Fällen parallel zueinander.

2.9 Bruchgleichungen

2.9.1 Lösen von Bruchgleichungen

23 **21.** Um Lösungen definitiv ausschließen zu können, betrachtet man den Nenner der Brüche. Diese dürfen nicht Null werden:

$\frac{14}{x+5} = 2$ hat keine Lösung bei $x = -5$

$\frac{3}{x} = \frac{4}{x+1}$ hat keine Lösung bei $x = 0$ und $x = -1$

$\frac{2}{x+3} = \frac{1}{x-4}$ hat keine Lösung bei $x = 4$ und $x = -3$

Die Gleichung $\frac{2}{x-3} = \frac{1}{x-2}$ hat beispielsweise keine Lösung bei $x = 3$ und $x = 2$

22. Hier die richtigen Lösungen:

a)
$$\frac{4}{2-x} = \frac{6}{3-x} \quad |\cdot(2-x)(3-x)$$
$$4(3-x) = 6(2-x)$$
$$12 - 4x = 12 - 6x \quad |+4x$$
$$0 = -2x \quad |:(-2)$$
$$0 = x$$
$$L = \{0\}$$

b)
$$\frac{6-1{,}5x}{2x-8} = -\frac{3}{4} \quad |\cdot 4(2x-8)$$
$$4(6-1{,}5x) = -3(2x-8)$$
$$24 - 6x = -6x + 24 \quad |+6x$$
$$24 = 24 \quad |-24$$
$$0 = 0$$
$$L = \mathbb{R}$$

23. $\frac{-24x}{80+4x} = 4$; $x \neq -20$; $L = \{-8\}$

$\frac{4x}{-x+15} = 2$; $x \neq 15$; $L = \{5\}$

$\frac{-20x}{-4+x} = -4$; $x \neq 4$; $L = \{-1\}$

$\frac{15x}{2x+20} = -5$; $x \neq -10$; $L = \{-4\}$

$\frac{-10x}{x-24} = -2$; $x \neq 24$; $L = \{-6\}$

2.9.2 Bruchgleichungen mit Parametern

24. a) Umformungsschritt 1: Multipliziere mit $(x+1)\cdot(x-2)$
Umformungsschritt 2: Ausmultiplizieren mithilfe des Distributivgesetzes
Umformungsschritt 3: Rechne auf beiden Seiten $-2ax + 6a$
Umformungsschritt 4: Ausklammern von a
Umformungsschritt 5: Anwenden des Satzes des Nullprodukts

b) (1) Für $a = 0$ ist $L = \mathbb{R}$. **(2)** Für $a = 0$ ist $L = 8$.

Bist du kompetent im Problemlösen im Berechnen zueinander ähnlicher Körper?

24 **25.a)**

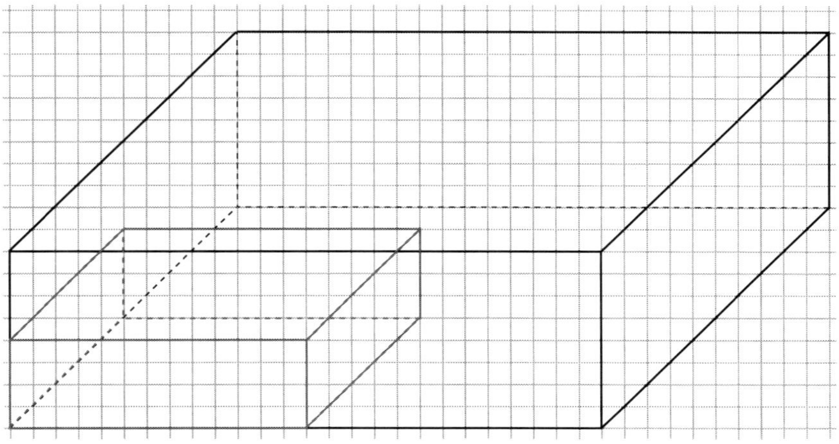

Maße: 12,5 cm x 10 cm x 4 cm

b) (1) $\frac{25\text{ cm}}{12{,}5\text{ cm}} = 2;\ \frac{20\text{ cm}}{10\text{ cm}} = 2;\ \frac{8\text{ cm}}{4\text{ cm}} = 2$

Längenverhältnis der Kanten: 1 : 2

(2) $\frac{400\text{ ml}}{500\text{ ml}} = 8$

Verhältnis der Volumina 1 : 8

c)

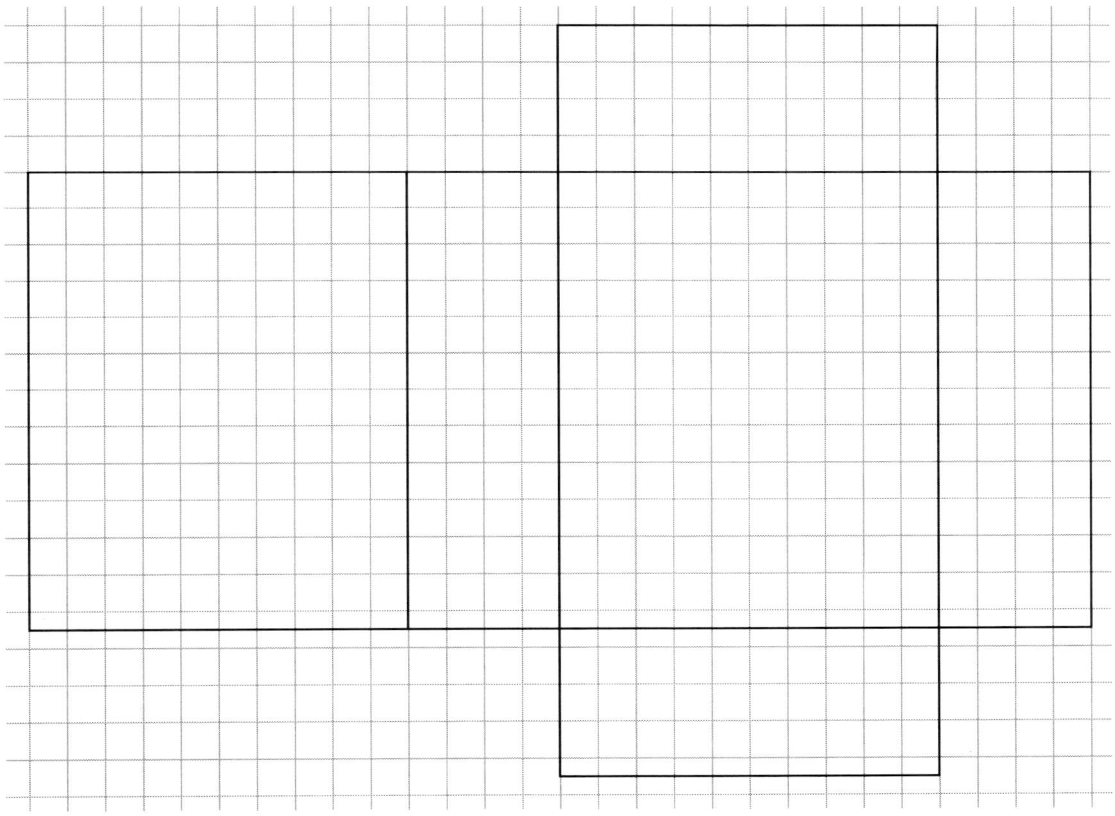

$O_{500\text{ ml}} = 2 \cdot 12{,}5\text{ cm} \cdot 10\text{ cm} + 2 \cdot 10\text{ cm} \cdot 4\text{ cm} + 2 \cdot 12{,}5\text{ cm} \cdot 4\text{ cm} = 430\text{ m}^2$

$O_{400\text{ ml}} = 2 \cdot 25\text{ cm} \cdot 20\text{ cm} + 2 \cdot 20\text{ cm} \cdot 8\text{ cm} + 2 \cdot 25\text{ cm} \cdot 8\text{ cm} = 1720\text{ cm}^2$

Verhältnis: $\frac{O_{400\text{ ml}}}{O_{500\text{ ml}}} = \frac{1720\text{ cm2}}{430\text{ cm2}} = 4$

d) (1) $\frac{4000\text{ ml}}{400\text{ ml}} = 10$ Verhältnis: 1 : 10 **(2)** $\sqrt[3]{10} \approx 2{,}154$ **(3)** $\sqrt{10} \approx 3{,}162$

3.1 Quadratwurzeln

3.1.1 Einführung der Quadratwurzeln

25 **1. a)** $\sqrt{36} = 6$ **c)** $-8 = \sqrt{64}$ **e)** $\frac{1}{\sqrt{4}} = \sqrt{\frac{1}{4}}$ **g)** $\sqrt{\sqrt{16}} < 4$ **i)** $\frac{3}{12} = \frac{1}{\sqrt{16}}$

b) $\sqrt{2} > 1{,}4$ **d)** $-\sqrt{4} > -4$ **f)** $\sqrt{62\,500} > 50$ **h)** $\sqrt{1{,}44} > 0{,}12$ **j)** $\sqrt{(-1)^2} = 1$

2. $\sqrt{\frac{1}{100}} = \sqrt{\sqrt{0{,}0001}} = \sqrt{\frac{1}{10}\cdot\frac{1}{10}} = 1 : \sqrt{100} = \sqrt{\frac{1}{100}} = \sqrt{\sqrt{\frac{1}{104}}} = \sqrt{0{,}01} = \sqrt{100} : 10^2 = \sqrt{\frac{1}{\sqrt{10^4}}} = \frac{1}{10} = \sqrt{\frac{1}{10^2}} = \sqrt{\frac{1}{150}+\frac{1}{300}}$

$\sqrt{4\cdot 4} = \sqrt{2^4} = 2\cdot 2 = \sqrt{\sqrt{2^8}} = \sqrt{16} = \sqrt{4^2} = \sqrt{\sqrt{16^2}} = \sqrt{\sqrt{256}} = 2^2$

$25\cdot\sqrt{16} = \sqrt{100^2} = \sqrt{25}\cdot 20 = \sqrt{10\,000} = \sqrt{10^4} = \sqrt{100\cdot 100} = \sqrt{\frac{10^5}{10}} = \sqrt{10\cdot 1000}$

5.1.2 Näherungwerte für Quadratwurzeln

3. a) $(3\text{ cm})^2 = 9\text{ cm}^2 < 14\text{ cm}^2 < 16\text{ cm}^2 = (4\text{ cm})^2$
Seitenlänge zwischen 3 cm und 4 cm.
Exakt: 3,74 cm

b) $(2\text{ cm})^2 = 4\text{ cm}^2 < 5\text{ cm}^2 < 9\text{ cm}^2 = (3\text{ cm})^2$
Seitenlänge zwischen 2 und 3 cm.
Exakt: 2,24 cm

3.1.3 Irrationale Zahlen

4. a) $\sqrt{289} = 17$ (r) **c)** $\sqrt{\frac{36}{81}} = \frac{6}{9} = \frac{2}{3} \approx 0{,}67$ (r) **e)** $\sqrt{1{,}21} = 1{,}1$ (r)

b) $-\sqrt{7} \approx -2{,}65$ (i) **d)** $\sqrt{0{,}2} \approx 0{,}45$ (i) **f)** $\sqrt{\frac{18}{36}} = \sqrt{\frac{1}{2}} = \frac{1}{\sqrt{2}} \approx 0{,}707$ (i)

3.2 Reelle Zahlen

5.

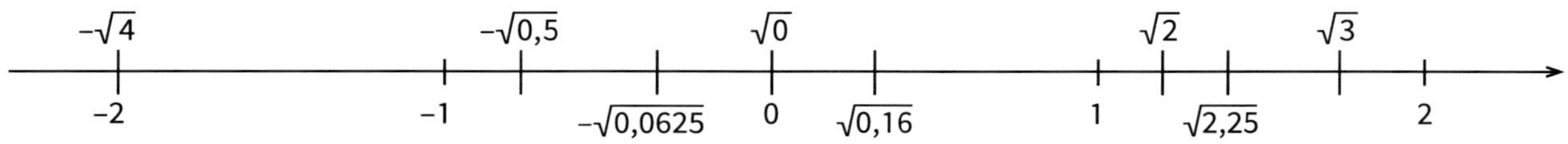

26 **6. a)** $-\frac{1}{\sqrt{2}};\ \frac{1}{\sqrt{3}};\ \frac{1}{\sqrt{2}}$ **b)** 0,1201

3.3 Intervallhalbierungsverfahren

7.

untere Näherungszahl	obere Näherungszahl	Mittelwert n	n^2
5	6	5,5	30,25
5,5	6	5,75	33,0625
5,5	5,75	5,625	31,64
5,5	5,625	5,5625	30,94
5,5625	5,625	5,59375	31,29
5,5625	5,59375	5,578125	31,12

Näherungswert: $\sqrt{31} \approx 5{,}5$

3.4 Rechenregeln für Quadratwurzeln und ihre Anwendung

26 **8.** Korrekt gelöst: A; E; L; M; P

Lösungswort: LAMPE

R: $\sqrt{2} \cdot \sqrt{405} = \sqrt{2 \cdot 405} = \sqrt{810} = 28{,}46$

N: $\sqrt{-81} \neq 9$

S: $\sqrt{\frac{0{,}36}{0{,}9}} = \frac{\sqrt{0{,}36}}{\sqrt{0{,}9}} = \frac{0{,}6}{0{,}949} \ldots$

T: $\sqrt{180} + \sqrt{16} \neq \sqrt{180 + 16}$

9.

	$128\sqrt{6}$		
	16	$8\sqrt{6}$	
4	4	$2\sqrt{6}$	
$\sqrt{2}$	$2\sqrt{2}$	$\sqrt{2}$	$2\sqrt{3}$

Multiplikationsmauer

	$2\sqrt{5} + 4\sqrt{6}$		
	$3(\sqrt{6} + \sqrt{5})$	$\sqrt{6} - \sqrt{5}$	
$2\sqrt{6}$	$3\sqrt{5} + \sqrt{6}$	$-4\sqrt{5}$	
$\sqrt{6}$	$\sqrt{6}$	$3\sqrt{5}$	$-7\sqrt{5}$

Additionsmauer

27 **10.a)** $\sqrt{64} \cdot \sqrt{36} = 48$
$\sqrt{9} \cdot \sqrt{4} = 6$
$\sqrt{18} - \sqrt{8} = \sqrt{2}$
$\sqrt{18} \cdot \sqrt{\frac{1}{8}} = \frac{3}{2}$

b) $\sqrt{64} + \sqrt{36} = 14$
$\sqrt{\frac{1}{4}} \cdot 2 \cdot \sqrt{\frac{1}{9}} = \frac{1}{3}$
$\sqrt{18} \cdot \sqrt{8} = 12$
$\frac{3}{\sqrt{18}} + \frac{2}{\sqrt{8}} = \sqrt{2}$

c) $\sqrt{64} - \sqrt{36} = 2$
$\sqrt{9} + \sqrt{4} = 5$
$\sqrt{18} : \sqrt{8} = \frac{3}{2}$
$\frac{12}{\sqrt{18}} - \sqrt{8} = 0$

d) $\sqrt{64} : \sqrt{36} = \frac{4}{3}$
$\sqrt{3} : \sqrt{\frac{3}{4}} = 2$
$\sqrt{18} + \sqrt{8} = 5\sqrt{2}$
$\frac{1}{\sqrt{18}} : \sqrt{8} = \frac{1}{12}$

3.5 Anwenden der Wurzelgesetze auf Terme mit Variablen

11.

	Umformung	**w**	**f**	**Korrektur**
a)	$\sqrt{-9x^2} = -3x$		×	$\sqrt{-1} \cdot \sqrt{9x^2} = \sqrt{-1} \cdot 3x$
b)	$\sqrt{(-9x)^2} = 3x$		×	$\sqrt{81x^2} = 9x$
c)	$(\sqrt{9x})^2 = 3x^2$		×	$(3\sqrt{x})^2 = 9x$
d)	$\sqrt{9x} + \sqrt{9x} = \sqrt{18x}$		×	$3 \cdot \sqrt{x} + 3 \cdot \sqrt{x} = 6 \cdot \sqrt{x}$
e)	$\sqrt{9x} \cdot \sqrt{9x} \cdot \sqrt{9x} \cdot \sqrt{9x} = 81x^2$	×		
f)	$\sqrt{(9-x)^2} = 3 - x$		×	$9 - x$ (für $x > 0$)

12. Felder, deren Quadrat x ergibt:

$2 \cdot \sqrt{\frac{x}{4}}$; $(\sqrt{x})^2$; $\sqrt{\frac{x}{16}} - \frac{5}{4}\sqrt{x}$; $\sqrt{(\sqrt{2x} - \sqrt{x})(\sqrt{2x} + \sqrt{x})}$; $\frac{9}{\sqrt{3}} \cdot \sqrt{\frac{x}{27}}$; $\frac{a}{x}\sqrt{\frac{x^3}{a^2}}$; $\frac{1}{13} \cdot \sqrt{169x}$; $\frac{5}{4}\sqrt{x} - \sqrt{\frac{x}{16}}$; $\frac{1}{3} \cdot \sqrt{3^2x}$

13.

		x^2		
	$x\sqrt{y}$	$\frac{x}{\sqrt{y}}$		
	$\sqrt{y}$	x	$\frac{1}{\sqrt{y}}$	
$\frac{1}{\sqrt{x}}$	$\sqrt{xy}$	$\sqrt{\frac{x}{y}}$	$\frac{1}{\sqrt{x}}$	
$\sqrt{\frac{1}{xy}}$	$\sqrt{y}$	$\sqrt{x}$	$\sqrt{\frac{1}{y}}$	$\sqrt{\frac{y}{x}}$

28 **14.** – (Individuelle Lösung)

3.6 Umformen von Wurzeltermen

29 **15.a)** $10\sqrt{3} + 4\sqrt{3} - 6\sqrt{3} = 8\sqrt{3}$ R
$\sqrt{12y} - \sqrt{5y} = (2\sqrt{3} - \sqrt{5})\sqrt{y}$ A
$x\sqrt{y} - \sqrt{y} = (x - 1)\sqrt{y}$ I
b) $\sqrt{3x} \cdot (\sqrt{3x} + 3)$ T
$(\sqrt{x} + \sqrt{y}) \cdot \sqrt{xy} = x\sqrt{y} + y\sqrt{x}$ O
$(\sqrt{x} + \sqrt{y})^2 = x + 2\sqrt{xy} + y$ N
$(\sqrt{\sqrt{x}} - y)^2 = \sqrt{x} - 2\sqrt{\sqrt{x}}\,y + y^2$ A
c) $\sqrt{16x^2 + 8xy + y^2} = 4x + y$ L
Lösungswort: RATIONAL

16.a) $\frac{6}{\sqrt{5}} = \frac{6 \cdot \sqrt{5}}{\sqrt{5} \cdot \sqrt{5}} = \frac{6\sqrt{5}}{5}$

b) $\frac{\sqrt{3}}{\sqrt{7}} = \frac{\sqrt{3} \cdot \sqrt{7}}{\sqrt{7} \cdot \sqrt{7}} = \frac{\sqrt{21}}{7}$

c) $\frac{\sqrt{2}}{5 + \sqrt{2}} = \frac{\sqrt{2} \cdot (5 - \sqrt{2})}{(5 + \sqrt{2}) \cdot (5 - \sqrt{2})} = \frac{5\sqrt{2} - 2}{23}$

d) $\frac{2 + \sqrt{3}}{2 - \sqrt{3}} = \frac{(2 + \sqrt{3})^2}{(2 - \sqrt{3}) \cdot (2 + \sqrt{3})} = \frac{4 + 4\sqrt{3} + 3}{4 - 3} = 7 + 4\sqrt{3}$

e) $\frac{4 + \sqrt{x}}{\sqrt{x}} = \frac{(4 + \sqrt{x}) \cdot \sqrt{x}}{\sqrt{x} \cdot \sqrt{x}} = \frac{4\sqrt{x} + x}{x}$

f) $\frac{\sqrt{x} + \sqrt{y}}{\sqrt{x} - \sqrt{y}} = \frac{(\sqrt{x} + \sqrt{y})^2}{(\sqrt{x} - \sqrt{y})(\sqrt{x} + \sqrt{y})} = \frac{x + 2\sqrt{xy} - y}{x - y}$

Anmerkung: Bei c), d), e) und f) wurde der Nenner zur dritten binomischen Formel erweitert.

3.7 Vergleich der Zahlbereiche $\mathbb{N}$, $\mathbb{Q}_+$, $\mathbb{Q}$ und $\mathbb{R}$

17. $\mathbb{R}$: $-\sqrt{27}$; $-\sqrt{0{,}47}$; 2,468101214…

$\mathbb{Q}$: $-1{,}\overline{23}$; $-\sqrt{\frac{4}{25}}$; $-0{,}9804$

$\mathbb{Q}_+$: $\frac{7}{19}$; $\sqrt{0{,}49}$; $5{,}7\overline{081}$

$\mathbb{Z}$: $-\sqrt{4}$; $-\sqrt{9}$

$\mathbb{N}$: 0; $\sqrt{16}$; $\sqrt{49}$

3.8 Wurzelgleichungen

30 **18.a)** $\sqrt{x - 3} = 4 \quad L = \{19\}$ $\qquad \sqrt{2x} = \sqrt{x} \quad L = \{0\}$ $\qquad \sqrt{2x + 3} = -1 \quad L = \{\ \}$ $\qquad \sqrt{x^2 - x} = \sqrt{5 + 3x} \quad L = \{-1; 5\}$
b) Die Gleichungen wurden zuerst quadriert und dann x aufgelöst.

19.a) (1) Der Fehler liegt in der Umformung der ersten in die zweite Zeile. Beim Quadrieren der linken Seite hat er die einzelnen absoluten Glieder quadriert. Richtig ist die Rechnung ($\sqrt{x + 1} - 3$).
(2) Da das Quadrieren streng genommen keine Äquivalenzumformung ist, muss die Lösung noch durch eine Probe bestätigt werden. Das Einsetzen von –3 für x in die Ausgangsgleichung zeigt, dass eine falsche Aussage entsteht. Die angegebene Wurzelgleichung hat also keine Lösung.
b) (1)
$$\begin{aligned} \sqrt{x + 1} - 3 &= 4 && \mid +3 \\ \sqrt{x + 1} &= 7 && \mid ^2 \\ x + 1 &= 49 \\ x &= 48 \end{aligned}$$
(2) Probe: $\sqrt{-3 - 3} = \sqrt{-6}$
ist nicht definiert, also $L = \{\ \}$.

20.a) (1)
$$\begin{aligned} \sqrt{7x + 4} + x &= 8 && \mid -x \\ \sqrt{7x + 4} &= 8 - x && \mid ^2 \\ 7x + 4 &= x^2 - 16x + 64 && \mid -7x - 4 \\ 0 &= x^2 - 23x + 60 \end{aligned}$$
(2)
$$\begin{aligned} 10 + \sqrt{3x + 40} &= x && \mid -10 \\ \sqrt{3x + 40} &= x - 10 && \mid ^2 \\ 3x + 40 &= x^2 - 20x + 100 && \mid -3x - 40 \\ 0 &= x^2 - 23x + 60 \end{aligned}$$
b) Beim Qaudrieren der Gleichung geht die Information über das Vorzeichen "verloren". Es können also fehlerhafte Lösungen hinzukommen oder richtige Lösungen entfallen. Besonders bei negativen Vorzeichen muss man aufpassen.
Da das Quadrieren keine Äquivalenzumformung ist, muss immer eine Probe der errechneten Lösungen durchgeführt werden.
$x^2 - 23x + 60 = 0$
mithilfe der Lösungsformel ergibt sich:
$x_1 = 3$ und $x_2 = 20$.
Es ist dann $L = \{3; 20\}$
(Fehler in der 1. Auflage des Arbeitsheftes: die Gleichung in a) und b) muss jeweils $x^2 - 23x + 60 = 0$ lauten)

Bist du fit im Umgang mit reellen Zahlen / Quadratwurzeln?

31 **21.a)**

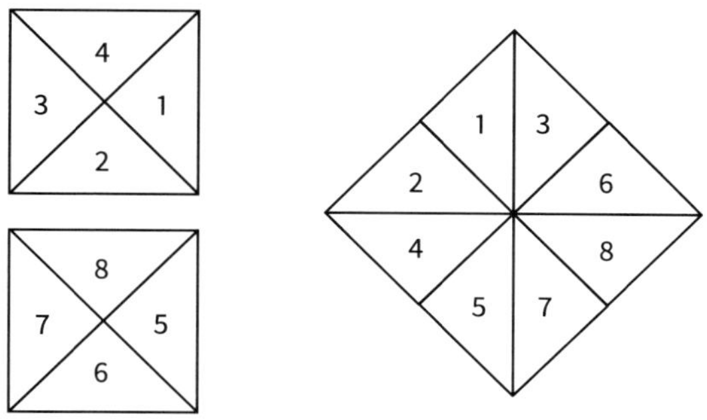

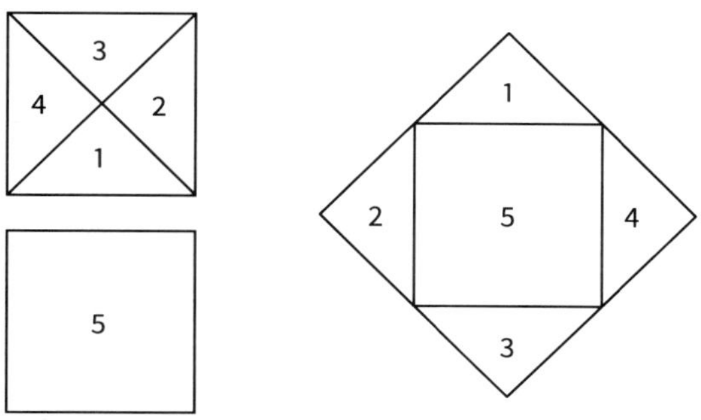

b) Flächeninhalt kleines Quadrat: $A = 1{,}5\text{ cm} \cdot 1{,}5\text{ cm} = 2{,}25\text{ cm}^2$
Großes Quadrat hat doppelten Flächeninhalt: $A = 2 \cdot 2{,}25\text{ cm}^2 = 4{,}5\text{ cm}^2$
Seitenlänge: $\sqrt{4{,}5\text{ cm}^2} = 2{,}12\text{ cm}$

c) b: Seitenlänge der großen Quadrate
$b = \sqrt{2 \cdot a^2}$

22.

		$\mathbb{N}$	$\mathbb{Z}$	$\mathbb{Q}_-$	$\mathbb{Q}_+$	$\mathbb{R}$	$\mathbb{R}\setminus\mathbb{Q}$
a)	17,7777777...				x	x	
b)	–5		x		x	x	
c)	0	x	x			x	
d)	$\frac{1}{3}$				x	x	
e)	$0{,}232\overline{113}$				x	x	
f)	$\sqrt{2}$						x
g)	$\frac{18}{3}$	x	x		x	x	
h)	$-12{,}\overline{2}$			x		x	
i)	2,1212212221...						x
k)	$\sqrt{100}$	x	x		x	x	

23.a) $\sqrt{\frac{a^2}{9}} = \frac{a}{3}$

b) $(\sqrt{x} - \sqrt{z})(\sqrt{x} + \sqrt{z}) = x - z$

c) $\sqrt{4b^2 + 12b + 9} = 2b + 3$

d) $\sqrt{\frac{1}{25}(x - y)^2} = \frac{1}{5}(x - y)$

e) $\sqrt{2a} \cdot \sqrt{8a} = 4a$

f) $\sqrt{x}\,(\sqrt{x} - \sqrt{9x}) = x - 3x = -2x$

g) $\sqrt{\frac{6}{a}} \cdot \sqrt{\frac{a^2}{24}} = \sqrt{\frac{a}{4}} = \frac{1}{2}\sqrt{a}$

h) $\sqrt{200x^3} : \sqrt{2x} = \sqrt{100x^2} = 10x$

i) $\sqrt{\frac{3x^2}{y}} : \sqrt{\frac{y^3}{48}} = \frac{12x}{y^2}$

j) $2\sqrt{x} + \sqrt{18x} = 2\sqrt{x} + 3\sqrt{2x}$

4.1 Satz des Pythagoras

32 **1. a)**

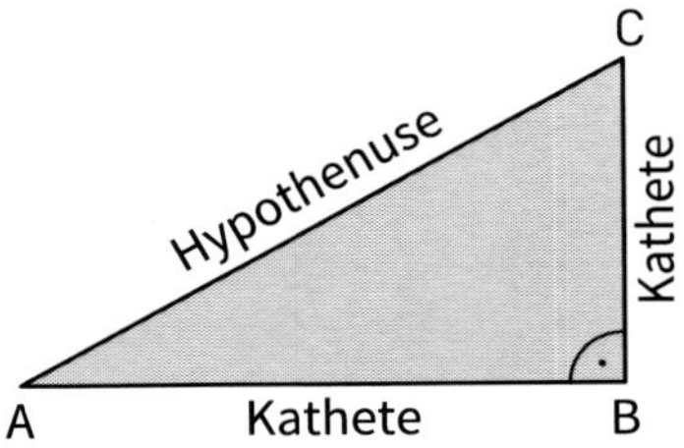

b)

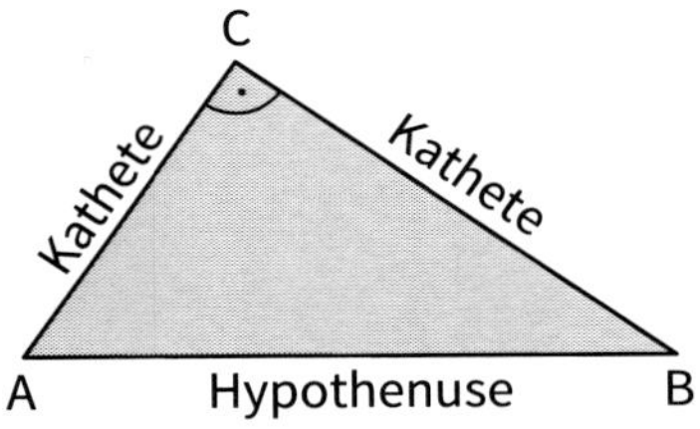

c)

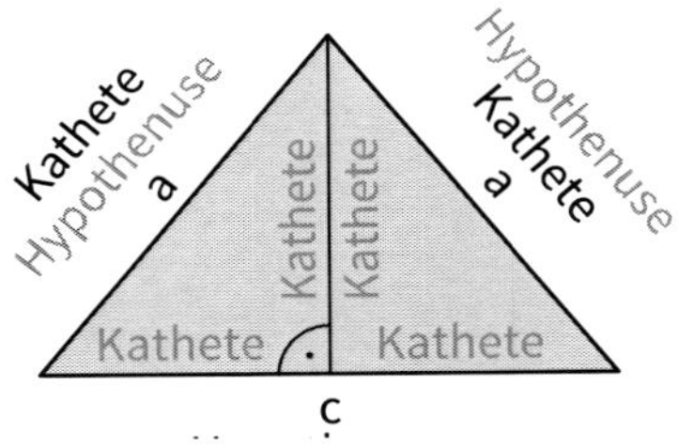

2.

Dreieck	ABG	EFG	BDE	BCD	HJL	HKM	IJK	HIK
Hypotenuse	$\overline{BG}$	$\overline{EG}$	$\overline{ED}$	$\overline{BD}$	$\overline{JL}$	$\overline{HK}$	$\overline{KJ}$	$\overline{HK}$
Kathete	$\overline{AB}$	$\overline{EF}$	$\overline{BD}$	$\overline{BC}$	$\overline{HJ}$	$\overline{KM}$	$\overline{IJ}$	$\overline{HI}$
Kathete	$\overline{AG}$	$\overline{FG}$	$\overline{BE}$	$\overline{CD}$	$\overline{HL}$	$\overline{MH}$	$\overline{IK}$	$\overline{IK}$

3. a) $|RT|^2 + |RS|^2 = |ST|^2$

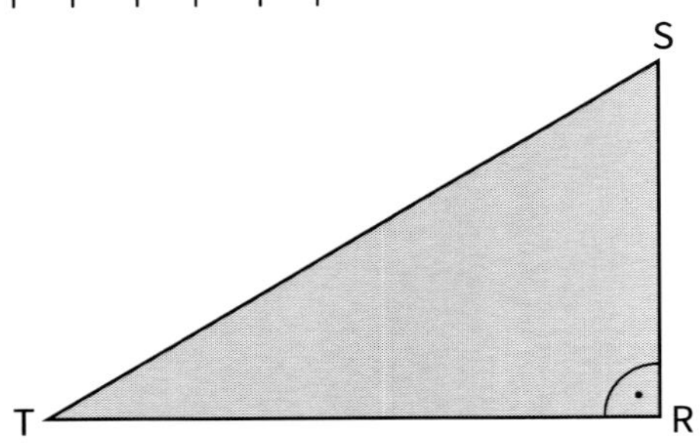

b) $a = \sqrt{(p+q)^2 - b^2}$

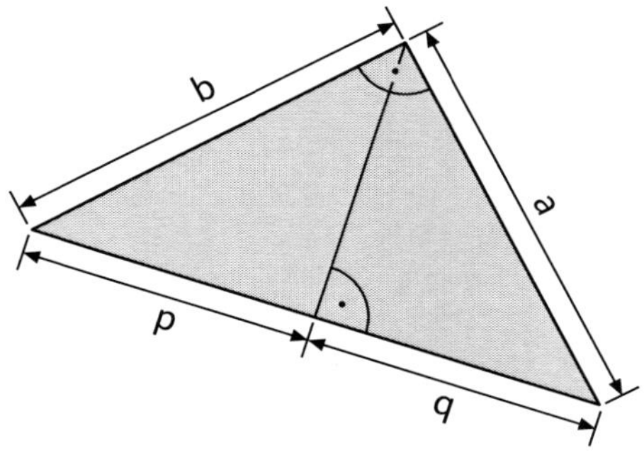

4. a) $l = \sqrt{(3{,}5\text{ cm})^2 + (3{,}5\text{ cm})^2}$
$= \sqrt{25\text{ cm}^2} = 5\text{ cm}$

b) $l = \sqrt{(4\text{ cm})^2 + (6\text{ cm})^2}$
$= \sqrt{52\text{ cm}^2} \approx 7{,}2\text{ cm}$

c) $l = \sqrt{(5\text{ cm})^2 - (4\text{ cm})^2}$
$= \sqrt{9\text{ cm}^2} = 3\text{ cm}$

33 **5.** –

4.2 Berechnen von Streckenlängen

34 **6. a)**

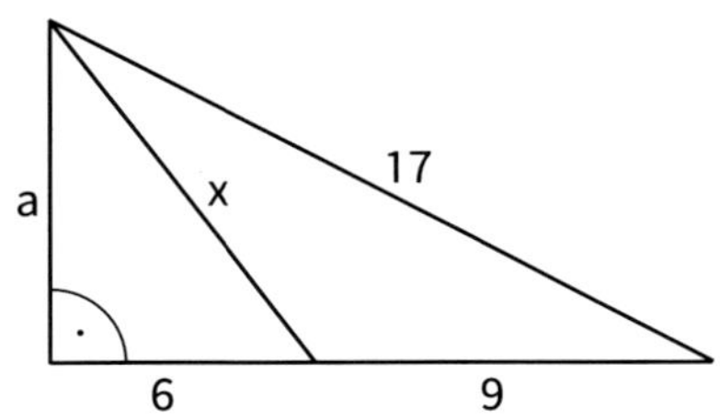

$a = \sqrt{17^2 - (6+9)^2} = 8$
$x = \sqrt{6^2 + 8^2} = 10$

b) $y = \sqrt{5^2 - 3^2} = 4$
$(3+x)^2 + y^2 = 8^2$
$(3+x)^2 + 16 = 64$
$(3+x)^2 = 48$
$9 + 6x + x^2 = 48$
$x^2 + 6x - 39 = 0$
$x \approx 3{,}9$

c) $x_1 = \sqrt{(3+1)^2 + 2^2} = \sqrt{20} \approx 4{,}47$
$x_2 = \sqrt{3^2 + (2+1)^2} = \sqrt{18} \approx 4{,}24$

34 **7. a)** $a = \sqrt{4{,}7^2 - 3{,}8^2} \approx 2{,}77$
$x = \sqrt{3{,}8^2 + (2{,}3 + 2{,}77)^2} \approx 6{,}34$

b) $h = \sqrt{3{,}5^2 - 1{,}9^2} \approx 2{,}94$
$x = \sqrt{2{,}94^2 + (4{,}8 - 1{,}9)^2} \approx 4{,}13$

c) $x = \sqrt{3^2 - \left(\frac{10-6}{2}\right)^2} = \sqrt{5} \approx 2{,}24$

8. $A = \frac{1}{2} \cdot 2{,}4\ \text{m} \cdot 3{,}7\ \text{m} = 4{,}44\ \text{m}^2$
Die Fläche des Segels beträgt ungefähr 4,5 m^2.

35 **9.** $2 \cdot \frac{1}{2} \cdot (1{,}2\ \text{m} + 0{,}4\ \text{m}) \cdot h - \frac{1}{2} \cdot (0{,}4\ \text{m} + 0{,}6\ \text{m}) \cdot 0{,}7\ \text{m} = A$
$h = \sqrt{(1{,}7\ \text{m})^2 - (1{,}2\ \text{m} + 0{,}4\ \text{m})^2} = 2{,}33\ \text{m}$
$A = 1{,}6\ \text{m} \cdot 2{,}33\ \text{m} - \frac{1}{2} \cdot 1\ \text{m} \cdot 0{,}7\ \text{m} = 3{,}378\ \text{m}^2$
Die Größe des blauen Logos beträgt etwa 3,4 m^2.

10. $U = |\overline{AB}| + |\overline{AC}| + |\overline{BC}|$
$|\overline{AC}| = \sqrt{9^2 + 2^2} = \sqrt{85} \approx 9{,}22$
$|\overline{AB}| = \sqrt{8^2 + 7^2} \approx 10{,}63$
$|\overline{BC}| = \sqrt{6^2 + 2^2} \approx 6{,}32$
$U \approx 26{,}17$
Der Umfang des Dreiecks beträgt etwa 26 Kästcheneinheiten.

11. $l_1 = \sqrt{(10\ \text{m})^2 + (15\ \text{m})^2} \approx 18{,}03\ \text{m}$
$l_2 = \sqrt{(15\ \text{m})^2 + (16{,}5\ \text{m})^2} \approx 22{,}3\ \text{m}$
$l_3 = \sqrt{(20\ \text{m})^2 + (18\ \text{m})^2} \approx 26{,}91\ \text{m}$
$l_4 = \sqrt{(25\ \text{m})^2 + (19{,}5\ \text{m})^2} \approx 31{,}71\ \text{m}$
$l_5 = \sqrt{(30\ \text{m})^2 + (21\ \text{m})^2} \approx 36{,}62\ \text{m}$
$l_6 = \sqrt{(35\ \text{m})^2 + (22{,}5\ \text{m})^2} \approx 41{,}61\ \text{m}$
$l_7 = \sqrt{(40\ \text{m})^2 + (24\ \text{m})^2} \approx 46{,}65\ \text{m}$
$l_{ges} = 2 \cdot (l_1 + l_2 + l_3 + l_4 + l_5 + l_6 + l_7) = 447{,}66\ \text{m}$

4.3 Umkehrung des Satzes des Pythagoras

36 **12.** Die gegebene Holzkonstruktion hat eine Diagonale von $d = \sqrt{(2{,}9\ \text{m})^2 + (4{,}5\ \text{m})^2} = 5{,}35\ \text{m}$.
Wenn die Projektionsfläche nur eine Diagonale von 5,3 m haben soll, könnte man eine der beiden Seiten kürzen, z. B. die längere:
$(5{,}3\ \text{m})^2 = (2{,}9\ \text{m})^2 + x^2$
$x = 4{,}436$
Die längere Seite müsste auf 4,436 m gekürzt werden, um die gewünschte Fläche zu erhalten.

13.

	a^2	b^2	c^2	rechtwinkliges Dreieck?
a)	12,25	31,36	42,25	nein
b)	10,89	31,36	42,25	ja
c)	1,44	12,25	13,69	ja

36 **14.**

	a)	b)	c)
a (in cm)	6,3	5,6	240
b (in cm)	1,6	7,3	60
c (in cm)	6,5	4,8	250
$a^2 + b^2$	42,25	84,65	61 200
c^2	42,25	23,04	62 500
Typ	rechtwinklig	spitzwinklig	stumpfwinklig

Bist du kompetent im Modellieren Berechnen von Körpern?

37 **15.a)** $l_1 = \sqrt{(6\text{ cm})^2 + (8\text{ cm})^2} = 10\text{ cm}$

Der Trinkhalm ist 10 cm lang.

b) $l_{max} = \sqrt{l_1^2 + (4\text{ cm})^2} \approx 10{,}77\text{ cm}$

Steckt man den Trinkhalm diagonal in die Safttüte, so guckt er nicht mehr heraus.

c) $l_{1_{neu}} = \sqrt{(6\text{ cm} - 1\text{ cm})^2 + (8\text{ cm})^2} \approx 9{,}43\text{ cm}$

$l_{max} = \sqrt{l_{2_{neu}}^2 + (4\text{ cm} - 1\text{ cm})^2} \approx 9{,}9\text{ cm}$

Der Strohhalm ist länger als die maximale Raumdiagonale, kann also nicht verschwinden.

d) $d = \sqrt{a^2 + b^2 + c^2}$

e) Die kleinste Raumdiagonale ergibt sich, wenn die Seiten a und b der Safttütenöffnung den kleinsten Wert annehmen, also bei der Hälfte der Seitenlänge.

$d = \sqrt{(3\text{ cm})^2 + (2\text{ cm})^2 + (8\text{ cm})^2} \approx 8{,}77\text{ cm}$

Durch Verändern der Position des Einstechlochs lässt sich erreichen, dass der Strohhalm ca. 1,2 cm heraussteht.

(Fehler in Auflage 1 des Arbeitsheftes: die Aufgabennummern 16. und 17. gehören als Teilaufgaben d) und e) zu Aufgabe 15. Daher ändern sich die Aufgabennummern 18 und 19 von Seite 13 in die Aufgaben 16 und 17.)

4.4 Höhensatz und Kathetensatz des Euklid

38 **16.** Mit dem Höhensatz des Euklid folgt:

$h^2 = p \cdot q \quad | \sqrt{\ }$

$h = \sqrt{15}\text{ m} \approx 3{,}87\text{ m}$

Die Höhe des Daches beträgt etwa 3,87 m.

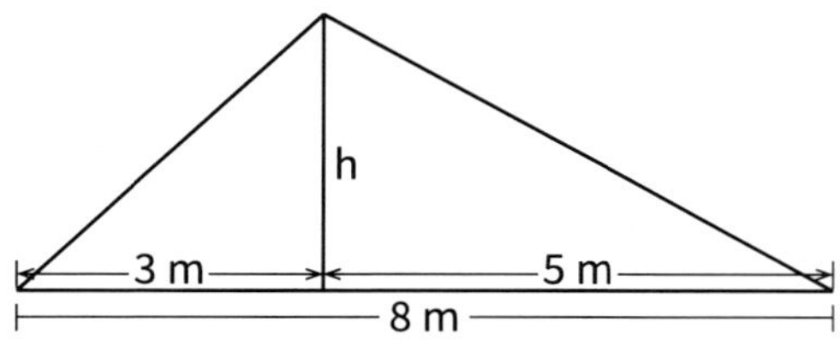

17. Es ist $p = 30\text{ m},\ q = 40\text{ m},\ c = 70\text{ m}$.

Mit dem Kathetensatz des Euklid folgt:

$a^2 = p\,c$; also $a = \sqrt{(p \cdot c)} \approx 45{,}83\text{ m}$

$b^2 = q\,c$; also $b = \sqrt{(q \cdot c)} \approx 52{,}92\text{ m}$

Die Länge der Abspannseile beträgt also etwa 46 m und 53 m.

5.1 Quadratische Funktionen – Definition

39 **1. a)**

Erste Seitenlänge x (in cm)	Zweite Seitenlänge z (in cm)	Flächeninhalt A (in cm^2)
2	16	32
3	15	45
4	14	56
5	13	65
6	12	72
7	11	77
8	10	80
9	9	81
10	8	80
11	7	77
12	6	72
13	5	65
14	4	56
15	3	45
16	2	32

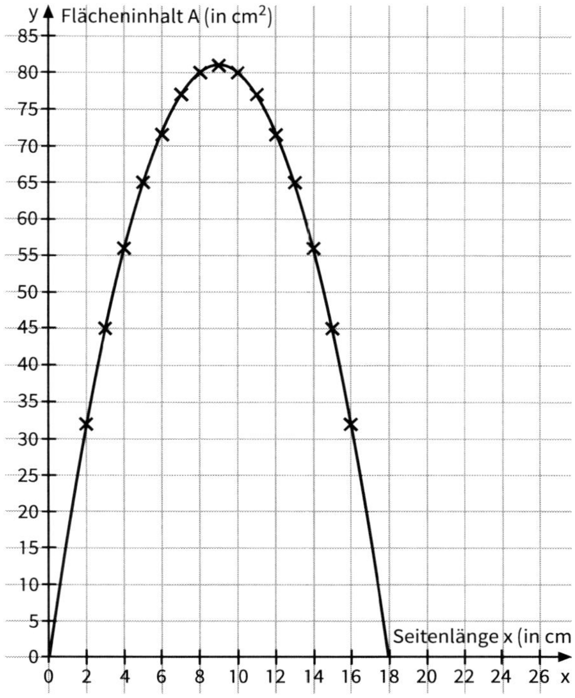

b) Der Graph verläuft parabelförmig. Er hat einen Hochpunkt an Stelle $x = 9$ cm. Dort beträgt der zugehörige Funktionswert $A = 81\ cm^2$. Die Parabel ist nach unten geöffnet. Sie ist achsensymmetrisch zur Achse $x = 9$.

c) $2x + 2z = 36$ Dies ist die Formel für den Umfang von 36 cm des Rechtecks.
$x + z = 18$ Hier wurde auf beiden Seiten durch 2 geteilt.
$z = 18 - x$ Dann wurde auf beiden Seiten der Gleichung minus x gerechnet.

Daraufhin wird die Formel für den Flächeninhalt eines Rechtecks mit den Seitenlängen x und z notiert:
$A = x \cdot z$
$= x(18 - x)$ Für z wurde der oben hergeleitete Term $z = 18 - x$ eingesetzt.
$= 18x - x^2$ Hier wurde gemäß des Distributivgesetzes ausmultipliziert.

5.2 Quadratfunktion – Normalparabel – Gleichungen der Form $x^2 = r$

40 **2. a)**

x	−3	−2,5	−2	−1,5	−1	−0,5	0	0,5	1	1,5	2	2,5	3
x^2	9	6,25	4	2,25	1	0,25	0	0,25	1	2,25	4	6,25	9

b) Es ist der rechts abgebildete Graph.

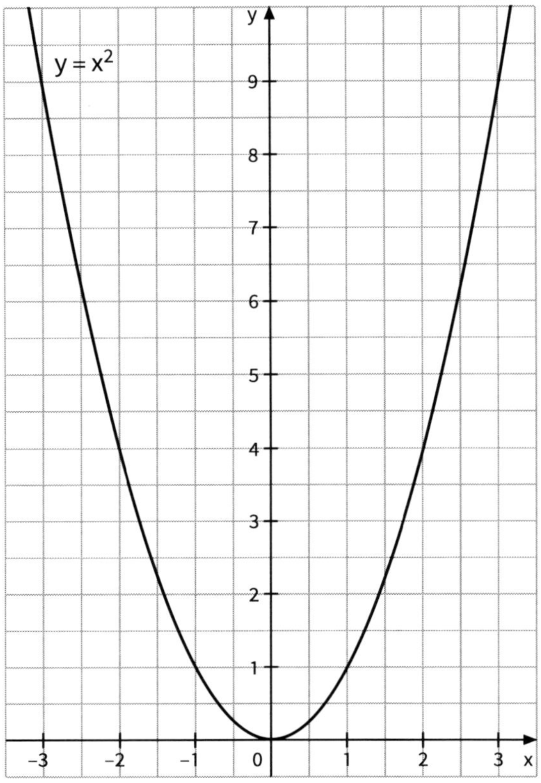

c) Der tiefste Punkt der Normalparabel liegt im **Ursprung** des Koordinatensystems. Er hat die Koordinaten **(0 | 0)** und heißt **Scheitelpunkt / Tiefpunkt** der Parabel.
Die Symmetrieachse der Normalparabel ist die **y-Achse**.
Verlauf der Normalparabel: Die Parabel **fällt** im 2. Quadranten und **steigt** im 1. Quadranten.

3. • … jede reelle Zahl mit sich selbst multipliziert eine nichtnegative Zahl ergibt.“
• … verlaufen unterschiedlich und schneiden sich nicht. Die Gleichung hätte nur dann eine Lösung, wenn es mindestens einen Schnittpunkt gäbe.“

5.3 Verschieben der Normalparabel

5.3.1 Verschieben der Normalparabel parallel zur y-Achse

41 **4. a)** Schnittpunkt: S (0 | 3)
Funktionsgleichung: $y = x^2 + 3$
b) Schnittpunkt: S (0 | −4)
Funktionsgleichung: $y = x^2 - 4$

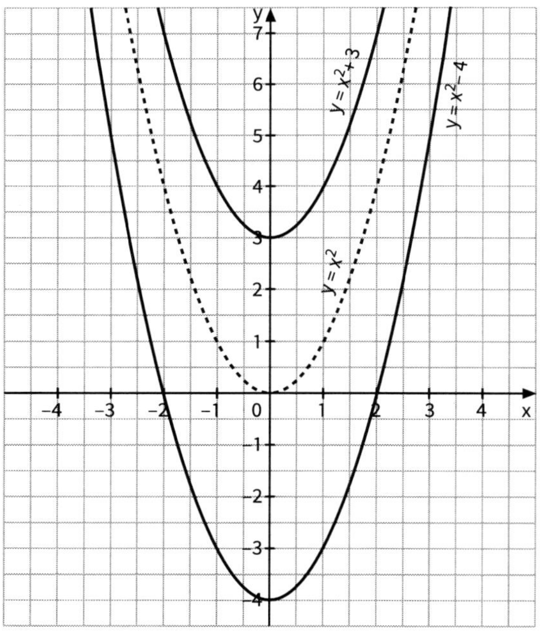

5. a) $y = x^2 - 15$
b) $y = x^2 + 11{,}8$

6. a) Die Normalparabel wurde um 7,5 Einheiten nach oben verschoben. Der Graph zu $y = x^2 + 7{,}5$ schneidet die x-Achse nicht.
b) Die Normalparabel wurde um 25 Einheiten nach unten verschoben. Der Graph zu $y = x^2 - 25$ schneidet die x-Achse in zwei Punkten: $S_1(-5 | 0)$ und $S_2(5 | 0)$.

7. a) $y = x^2 - 2{,}25$ (eine um 2,25 Einheiten nach unten verschobene Normalparabel)
b) $y = x^2 - 100$ (eine um 100 Einheiten nach unten verschobene Normalparabel)

5.3.2 Verschieben der Normalparabel parallel zur x-Achse – Gleichungen der Form $(x + d)^2 = r$

42

8. a) Scheitelpunkt: S(2,5 | 0)
Funktionsgleichung: $y = (x - 2{,}5)^2$

b) Scheitelpunkt: S(−2 | 0)
Funktionsgleichung: $y = (x + 2)^2$

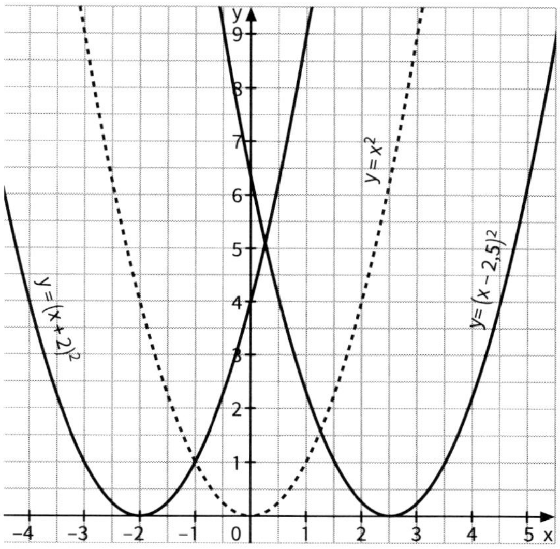

9. a) $y = (x + 15)^2 = x^2 + 30x + 225$

b) $y = (x - 11{,}8)^2 = x^2 - 23{,}6x + 139{,}24$

10. $y = (x + 1)^2$; Scheitelpunkt: S(−1 | 0)
$y = (x - 5)^2$; Scheitelpunkt: S(5 | 0)

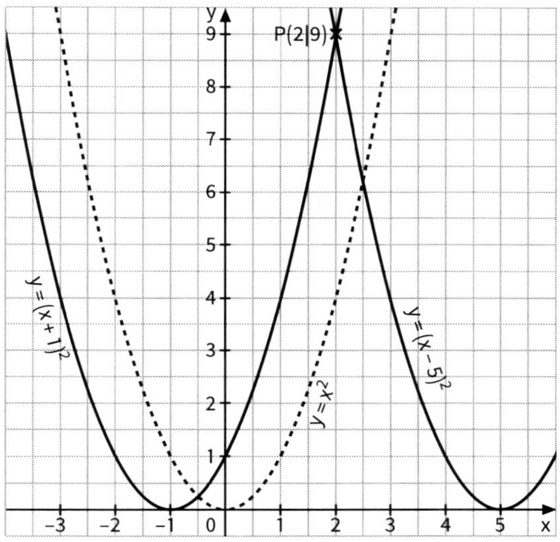

43 **11.a)**
- $f(x) = (x-3)^2$
  Scheitelpunkt: $S(3\,|\,0)$,
  Nullstelle: $x = 3$
- $g(x) = (x+1)^2$
  Scheitelpunkt: $S(-1\,|\,0)$,
  Nullstelle: $x = 1$
- $h(x) = x^2 + 1$
  Scheitelpunkt: $S(0\,|\,1)$,
  Nullstelle: keine

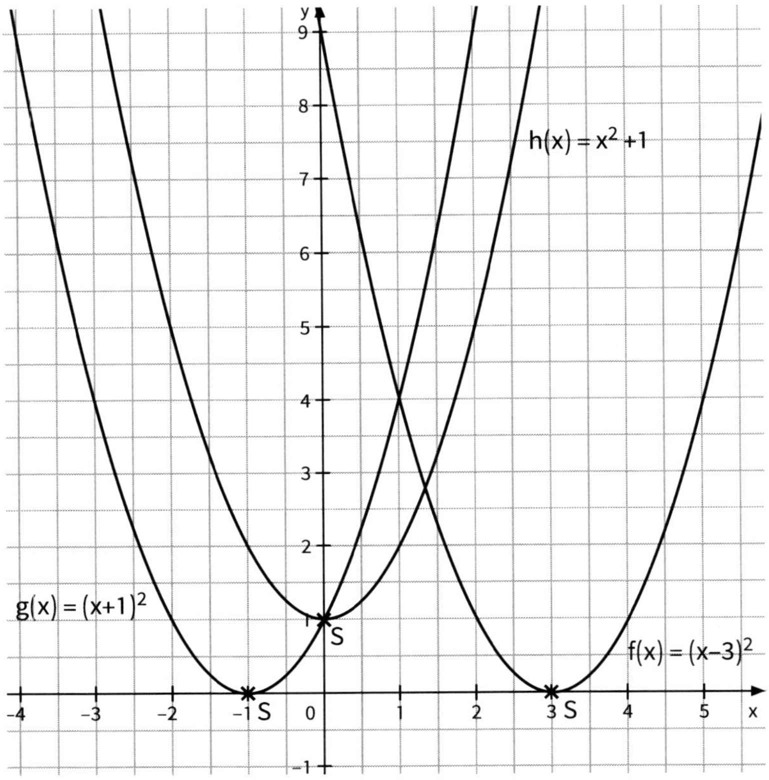

b) $4 = (x-3)^2 \quad |\sqrt{\ }$
$2 = |x-3|$
$x_1 = -1$ und $x_2 = 5$
$f(5) = 4$: An der Stelle $x = 5$ hat f den Funktionswert 5.

$4 = (x+1)^2 \quad |\sqrt{\ }$
$2 = |x+1|$
$x_1 = -3$ und $x_2 = 1$
$g(1) = 4$: An der Stelle $x = 1$ hat g den Funktionswert 4.

$4 = x^2 + 1 \quad |-1$
$3 = x^2 \quad |\sqrt{\ }$
$x_1 = -\sqrt{3}$ und $x_2 = \sqrt{3}$
$h(\sqrt{3}) = 4$: An der Stelle $x = \sqrt{3}$ hat h den Funktionswert 4.

5.3.3 Verschieben der Normalparabel in beliebiger Richtung – Scheitelpunktform – Quadratische Gleichungen der Form $x^2 + px + q = 0$

12.a) Scheitelpunkt: $S(3\,|\,2)$
Funktionsgleichung: $y = (x-3)^2 + 2$

b) Scheitelpunkt: $S(-2{,}5\,|\,-1)$
Funktionsgleichung: $y = (x+2{,}5)^2 - 1$

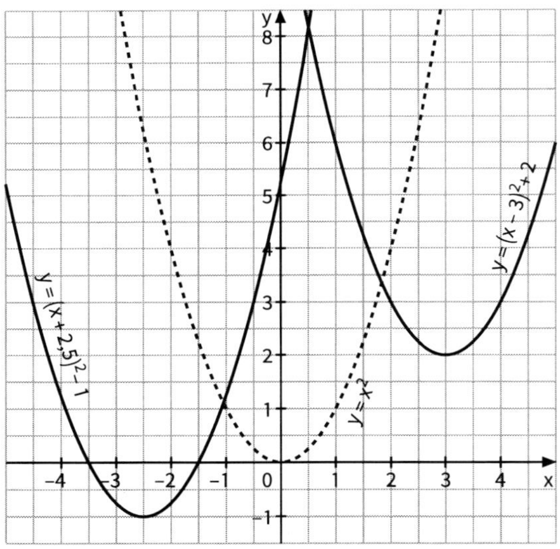

44 **13.a)** $y = (x+5)^2 + 2 = x^2 + 10x + 27$
b) $y = (x-7)^2 - 3 = x^2 - 14x + 46$

14. $y = (x-3)^2 - 1$

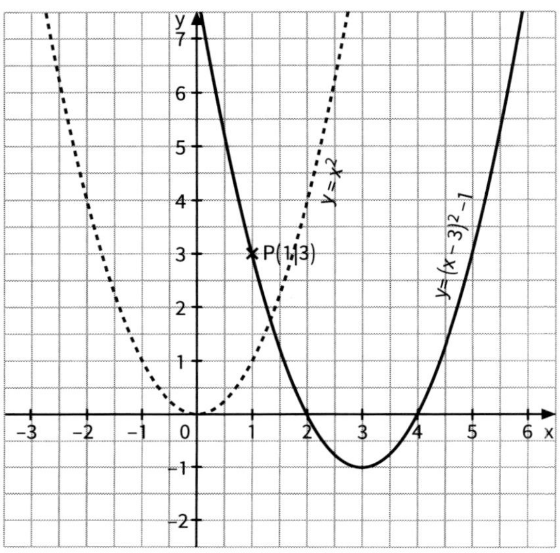

44 **15.a)** $y = x^2 - 3$
b) $y = x^2 + 2x + 2 = (x + 1)^2 + 1$
c) $y = (x - 2)^2 + 1{,}5 = x^2 - 4x + 5{,}5$
d) $y = x^2 - 1$

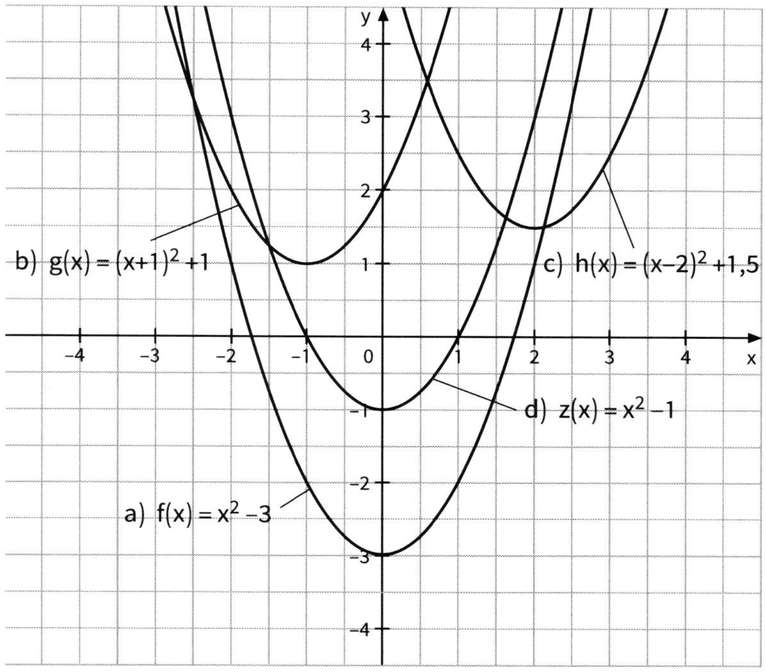

45 **16.**

1	2	3	4	3
5	4	4	3	2
4	4	2	2	2
1	2	3	1	5
4	5	2	3	1
5	5	1	3	1
5	1	3	4	5

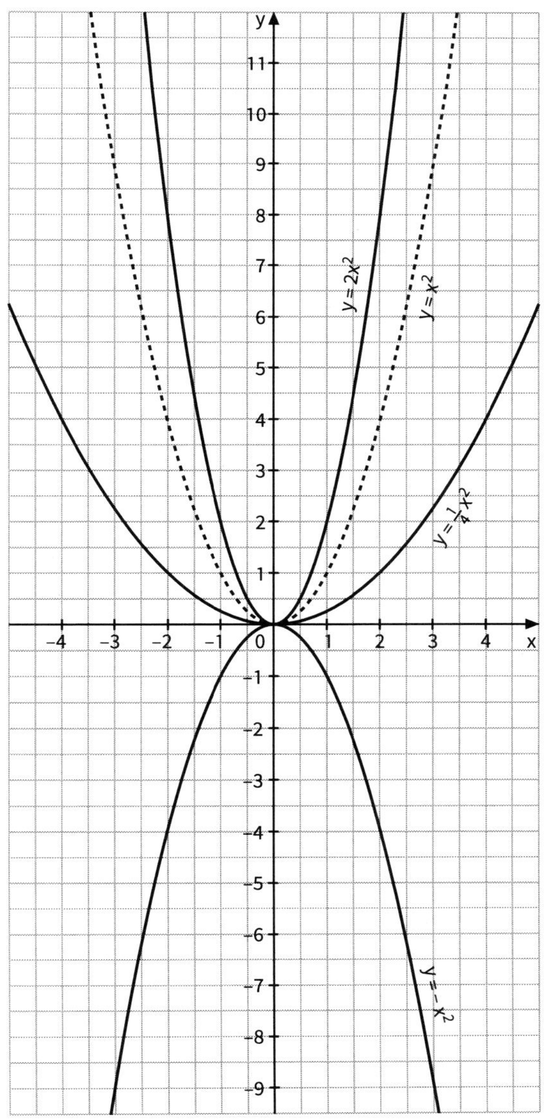

5.4 Strecken und Spiegeln der Normalparabel

46 **17.a)** Z. B.: $P_1(-2|4)$; dann ist $P_1'(-2|8)$ oder
$P_2(1|1)$; dann ist $P_2'(1|2)$
Die y-Koordinate wird jeweils verdoppelt.
Funktionsgleichung: $y = 2x^2$

b) Z. B.: $P_1(-2|4)$; dann ist $P_1'(-2|1)$ oder
$P_2(1|1)$; dann ist $P_2'(1|0{,}25)$
Die y-Koordinate wird jeweils geviertelt (durch 4 geteilt).
Funktionsgleichung: $y = \frac{1}{4}x^2$

c) $y = -x^2$

5.5 Strecken und Verschieben der Normalparabel – Gleichungen der Form $a x^2 + b x + c = 0$

47 **18.** Es ergeben sich folgende Graphen:

a) $y = 1{,}5 \cdot (x-3)^2 - 1$

b) $y = \frac{1}{2} \cdot (x+2)^2 - 3$

c) $y = -0{,}5 \cdot (x-2)^2 + 3$

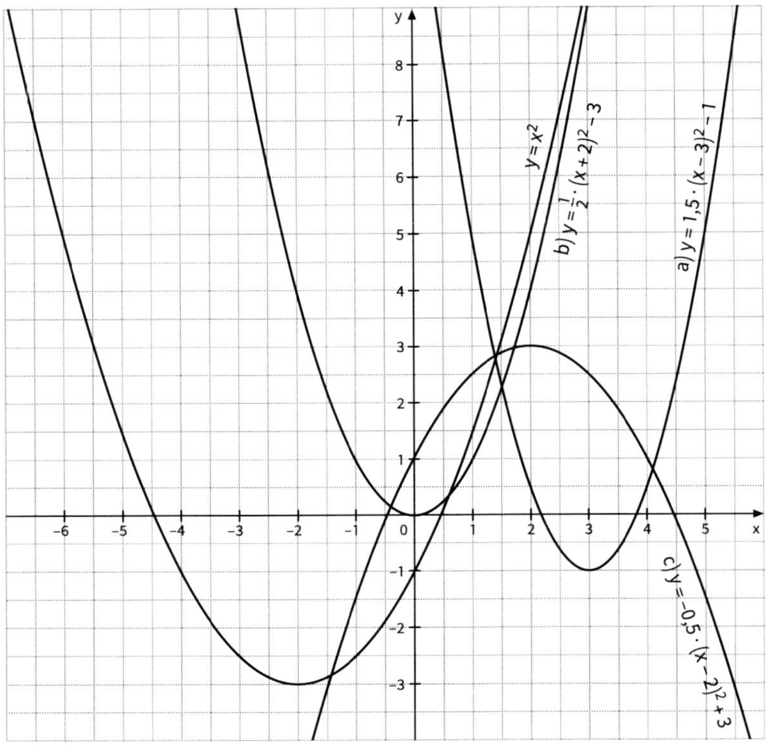

48 **19. a)** $y = \frac{1}{2}x^2 - 2$

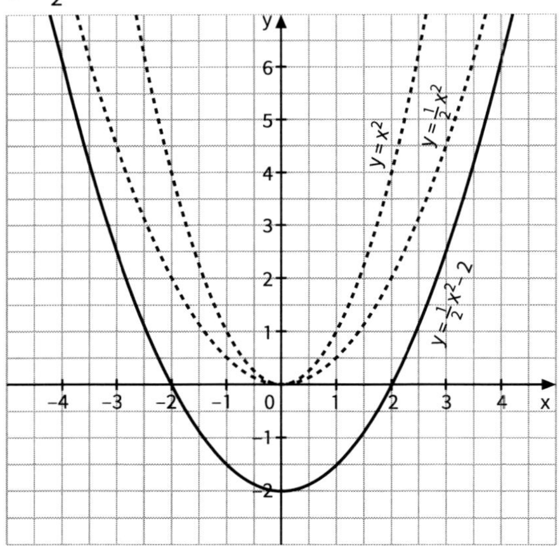

b) $y = \frac{1}{2}(x^2 - 2) = \frac{1}{2}x^2 - 1$

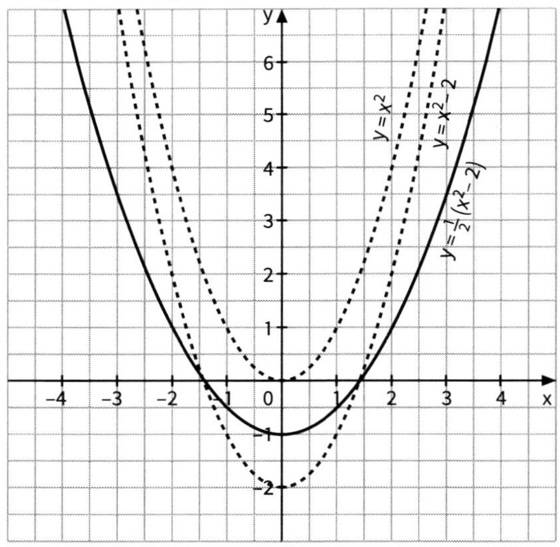

c) Man erhält verschiedene Funktionen.

49 **20.a)** $y = 2 \cdot (x - 1{,}5)^2$

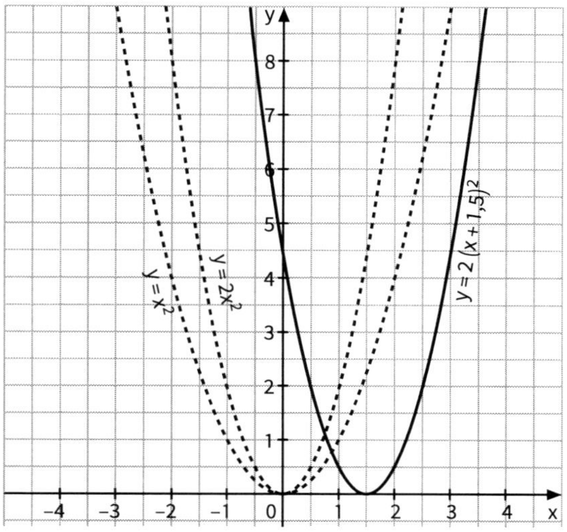

b) $y = 2 \cdot (x - 1{,}5)^2$

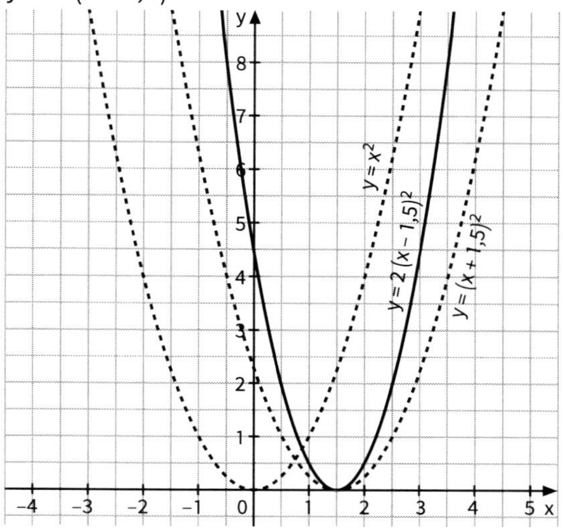

c) Man erhält jeweils dieselbe Funktion.

21.1) $y = 3 \cdot (x + 5)^2$

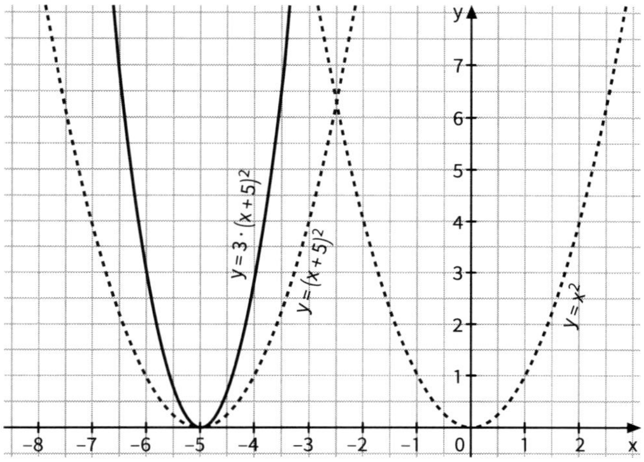

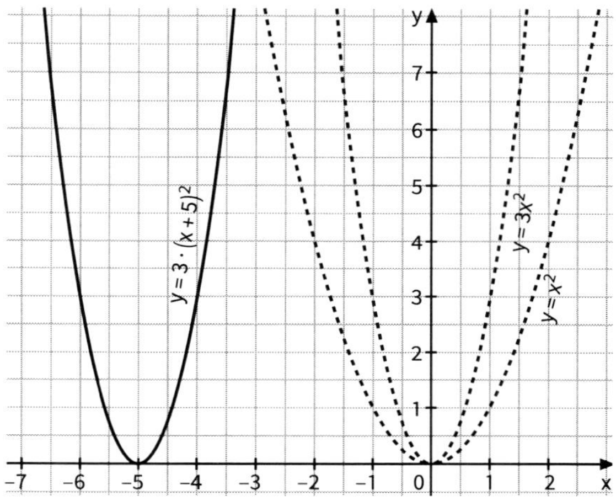

2) $y = -x^2 - 4$ oder $y = -x^2 + 4$

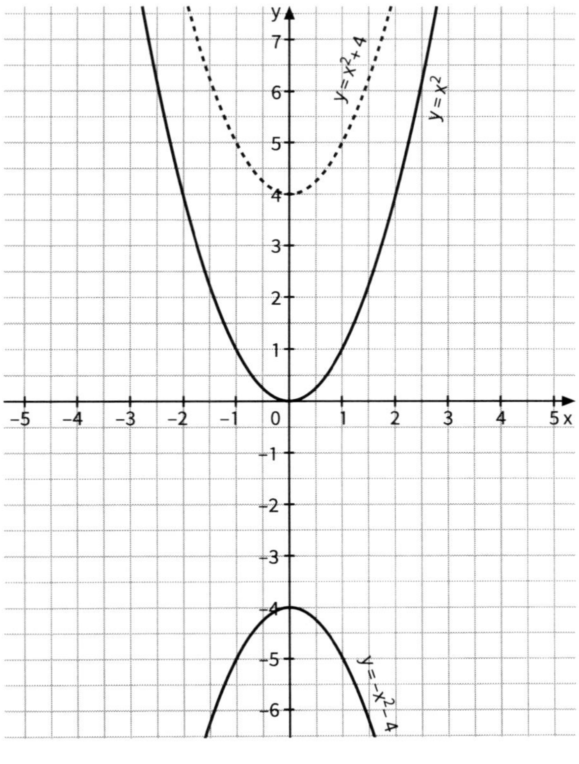

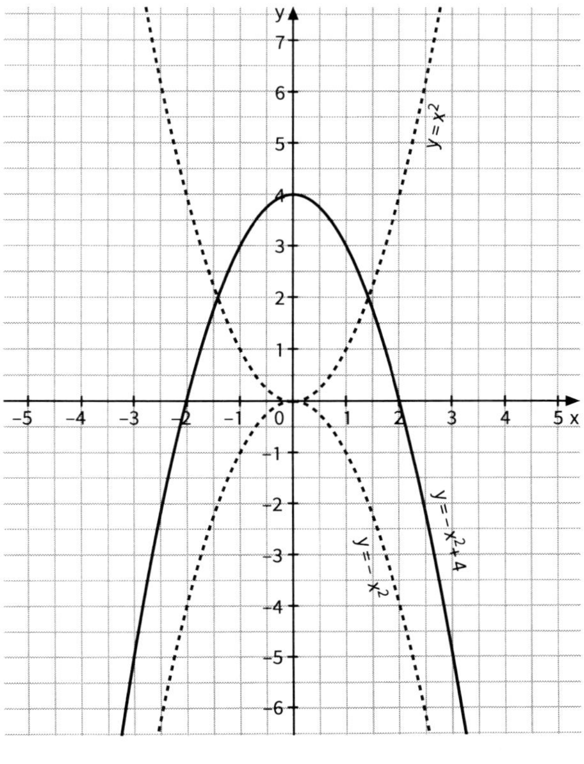

49 **21.3)** $y = 0{,}5\,x^2 - 1{,}5$ oder $y = 0{,}5\,x^2 - 3$

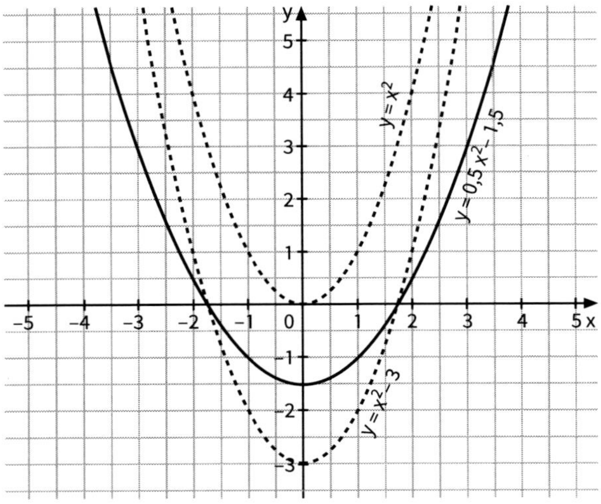

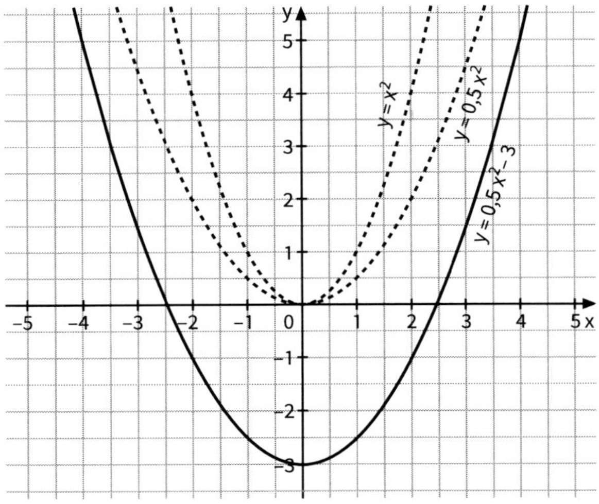

4) $y = (x - 3)^2 - 3$

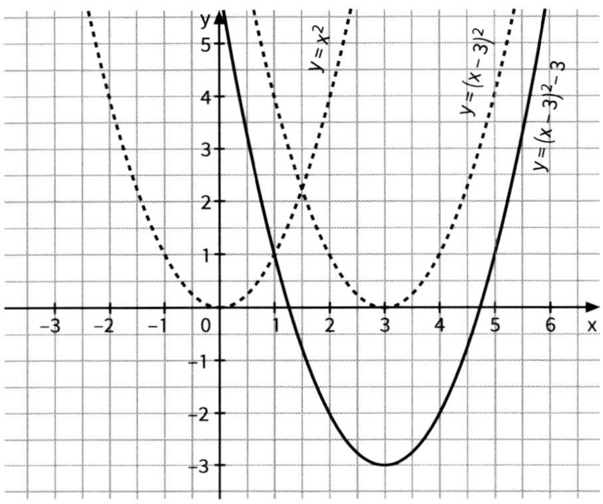

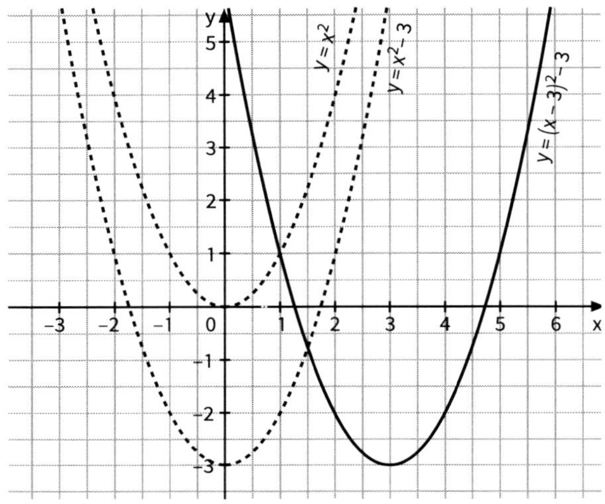

5) $y = -\frac{3}{2}x^2$

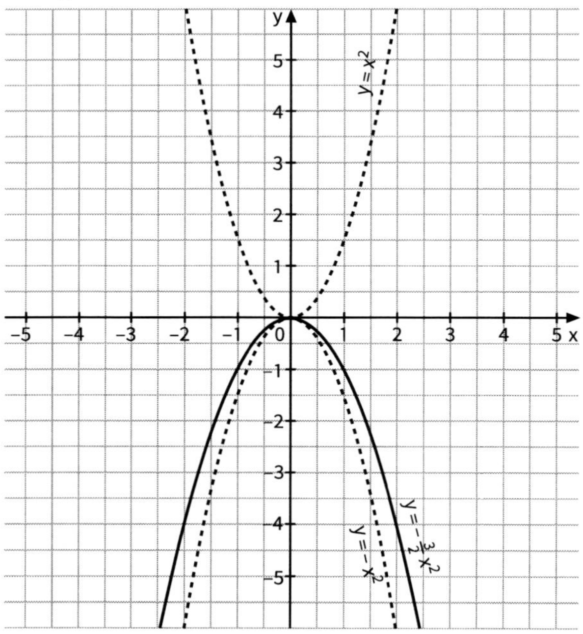

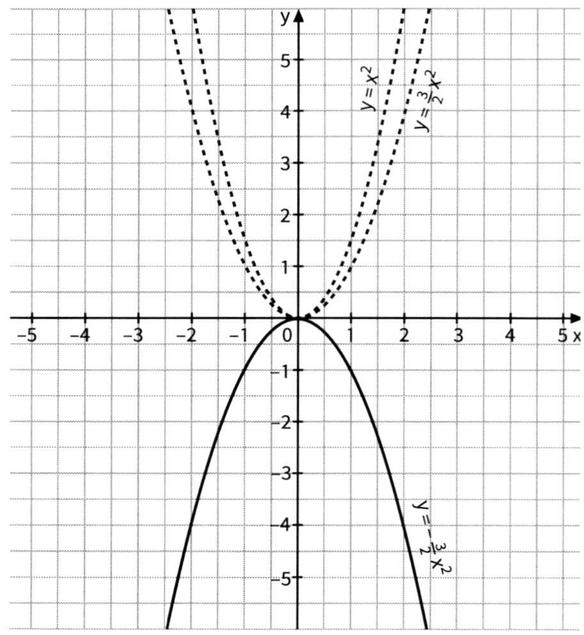

49 **21.6)** $y = -(x - 0{,}5)^2$

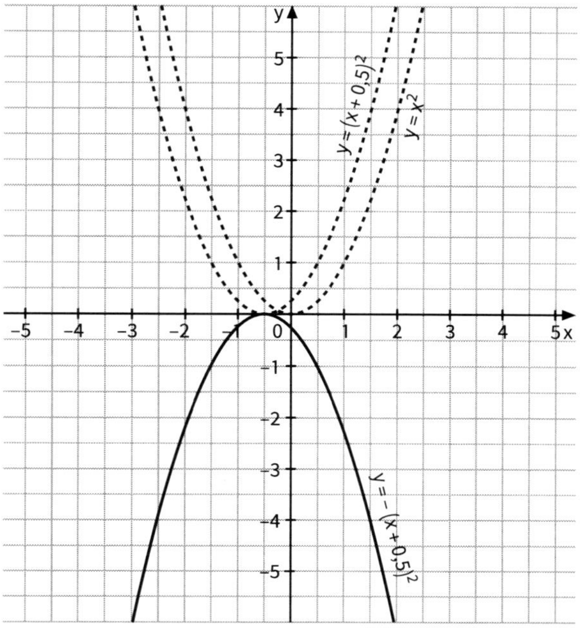

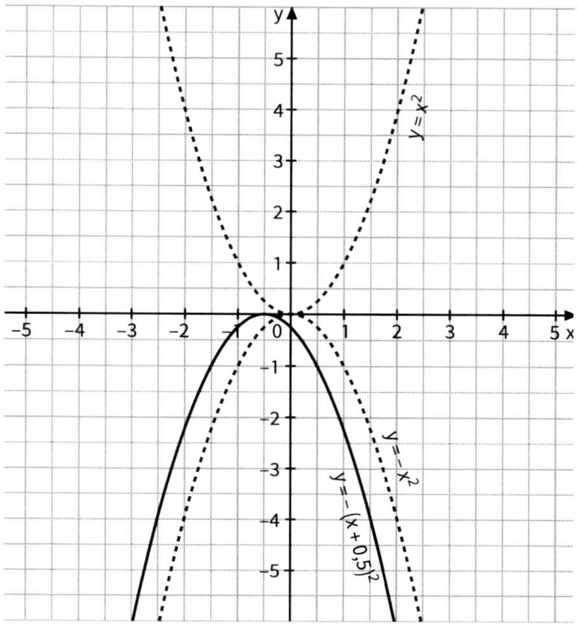

50 **22.** $f(x) = 2x^2 + 4x - 4 = 2(x^2 + 2x - 2) = 2(x + 1)^2 - 6$
Die Normalparabel wurde mit dem Faktor 2 gestreckt, um eine Einheit nach links verschoben und um 6 Einheiten nach unten verschoben. Entsprechend muss das Koordinatensystem verschoben werden.

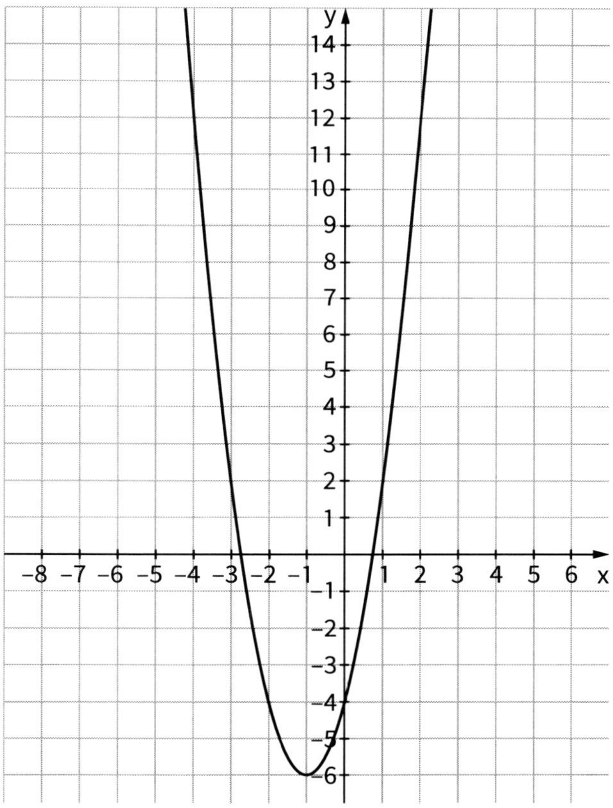

23.a) Von links nach rechts:
Rosa: $f(x) = -(x + 4)^2 + 16$
Schwarz: $f(x) = -(x + 3)^2 + 9$
Rot: $f(x) = -(x + 2)^2 + 4$
Blau: $f(x) = -(x + 1)^2 + 1$
Grün: $f(x) = -(x - 1)^2 + 1$
Gelb: $f(x) = -(x - 2)^2 + 4$
Braun: $f(x) = -(x - 3)^2 + 9$
Blau: $f(x) = -(x - 4)^2 + 16$

b) Mittig von oben nach unten:
Grün: $f(x) = -x^2 + 9$
Rosa: $f(x) = -\frac{1}{2}x^2 + 4{,}5$
Schwarz: $f(x) = \frac{1}{3}x^2 - 3$
Braun: $f(x) = -\frac{1}{9}x^2 + 1$
Grün: $f(x) = \frac{1}{9}x^2 - 1$
Schwarz: $f(x) = -\frac{1}{3}x^2 + 3$
Rot: $f(x) = \frac{1}{2}x^2 - 4{,}5$
Blau: $f(x) = x^2 - 9$

51 **24.a)** $f(x) = 2\,(x-1)^2 - 1$ **b)** $g(x) = -0{,}5\,(x+2)^2 + 2$

Eigenschaften	$f(x) = 2x^2 - 4x + 1$	$g(x) = -0{,}5x^2 - 2x$
Streckfaktor	2	$-0{,}5$
Scheitelpunkt	$(1\,\vert\,-1)$	$(-2\,\vert\,2)$
Symmetrieachse	$x = 1$	$x = -2$
Nullstellen	$x = 1 - \frac{1}{\sqrt{2}} = 0{,}2929\ldots$ und $x = 1 + \frac{1}{\sqrt{2}} = 1{,}7071\ldots$	$x = -4$ und $x = 0$
steigend/fallend	fallend für $x < 1$, steigend für $x > 1$	steigend für $x < -2$, fallend für $x > -2$

25.a) $L = \{-2\}$ **b)** $L = \{\ \}$

52 **26.** Hierfür muss zunächst der Abstand der Schilder mit der Angabe 2,4 m abgeschätzt werden. Nimmt man hierfür den Abstand 4 m an, so lässt sich aus den folgenden Bedingungen eine Parabelgleichung der Form $f(x) = ax^2 + c$ bestimmen: $f(0) = 3{,}5$ $f(2) = 2{,}4$
Es ergibt sich für diese Werte zum Beispiel $f(x) = -0{,}275x^2 + 3{,}5$.

27. –

5.6 Strategien zum Lösen quadratischer Gleichungen

53 **28.(1)** Der Graph zu $y = x^2 + 1$ schneidet die x-Achse nicht. Die Funktion hat keine Nullstellen. Die zugehörige Gleichung $x^2 + 1 = 0$ hat keine Lösung, da $\sqrt{-1}$ nicht definiert ist.

(2) Der Graph zu $y = x^2$ berührt die x-Achse im Punkt $O(0\,|\,0)$. Die Funktion hat die Nullstelle $x = 0$. Die zugehörige Gleichung hat eine Lösung, nämlich $x = 0$.

(3) Der Graph zu $y = x^2 - 1$ schneidet die x-Achse in den Punkten $S_1(0\,|\,-1)$ und $S_2(0\,|\,1)$. Die Funktion hat die Nullstellen $x_1 = -1$ und $x_2 = 1$. Die zugehörige Gleichung hat zwei Lösungen, nämlich $x_1 = -1$ und $x_2 = 1$.

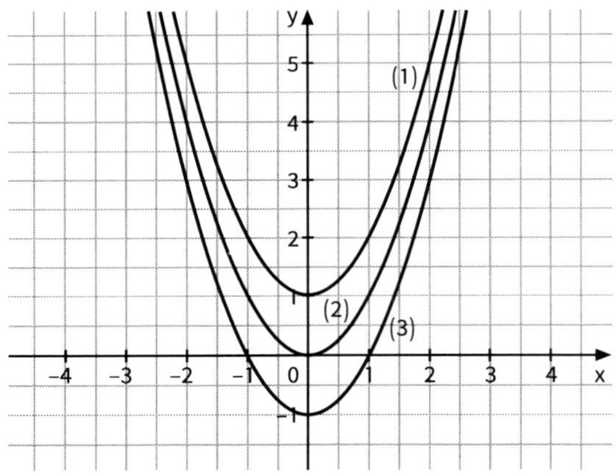

29. Leo: $x^2 + 6x = 0$ | Ausklammern
$x(x+6) = 0$
$x = 0$ oder $x + 6 = 0$
$x_1 = 0;\ x_2 = -6$

Laura: $x^2 + 6x = 0$ | quadratische Ergänzung
$x^2 + 6x + 9 = 9$ | binomische Formel
$(x+3)^2 = 9$ | $\sqrt{\ }$
$x + 3 = \pm 3$
$x_1 = 0;\ x_2 = -6$

30.a) $L = \{-6; 6\}$
b) $L = \{\ \}$
c) $L = \{-8; 0\}$
d) $L = \{-6\}$
e) $L = \{-4; 4\}$
f) $L = \{-1{,}5\}$
g) $L = \{-2{,}5; 3\}$
h) $L = \{-9; -3\}$
i) $L = \{1 - 2\sqrt{2};\ 1 + 2\sqrt{2}\} = \{\approx -1{,}83;\ \approx 3{,}83\}$

54 **31. a)** $3x^2 + x - 3 = x^2 - 3x \quad |-x^2 + 3x$

$2x^2 + 4x - 3 = 0 \quad |:2$

$x^2 + 2x - 1{,}5 = 0$

$x_{1/2} = -1 \pm \sqrt{1 + 1{,}5}$

$x_1 = -1 + \sqrt{2{,}5};\ x_2 = -1 - \sqrt{2{,}5}$

$L = \{-1 + \sqrt{2{,}5};\ -1 - \sqrt{2{,}5}\}$

Sophia hat die quadratische Gleichung vor dem Anwenden der p-q-Formel nicht auf die Normalform gebracht.

b) $x^2 - (x - 6) \cdot 2 = 22 - 4x$

$x^2 - 2x + 12 = 22 - 4x \quad |-22 + 4x$

$x^2 + 2x - 10 = 0$

$x_{1/2} = -1 \pm \sqrt{1 + 10}$

$x_1 = -1 + \sqrt{11};\ x_2 = -1 - \sqrt{11}$

$L = \{-1 + \sqrt{11};\ -1 - \sqrt{11}\}$

Sophia hat unter der Wurzel nicht -1 quadriert sondern die 1. Damit erhält sie als Ergebnis $-1^2 = -1$ statt $(-1)^2 = 1$.

c) $x \cdot (x + 2) + 6x = 4 \cdot (2x - 2)$

$x^2 + 2x + 6x = 8x - 8 \quad |-8x + 8$

$x^2 + 8 = 0$

$x_{1/2} = 0 \pm \sqrt{0 - 8}$

$x_1 = \sqrt{-8};\ x_2 = -\sqrt{-8}$

$L = \{\ \}$

Sophia hat p und q verwechselt.

32. Pascal hat Recht, denn:

$ax^2 + bx = 0 \quad |\text{Ausklammern}$

$x(ax + b) = 0$

$x \neq 0$ oder $ax + b \neq 0$

$x_1 = 0;\ x_2 = -\frac{b}{a}$ Wegen $a \neq 0$ und $b \neq 0$ ist $-\frac{b}{a} \neq 0$. Es gibt also zwei Lösungen.

5.7 Schnittpunkte von Parabeln und Geraden

33. a) $(x + 2)^2 = 3$

$x + 2 = \pm\sqrt{3}$

$x_1 = -2 + \sqrt{3} \approx -0{,}27$

$x_2 = -2 - \sqrt{3} \approx -3{,}73$

b) $x^2 = -x + 1$

$x^2 + x = 1$

$x^2 + x + 0{,}25 = 1 + 0{,}25$

$(x + 0{,}5)^2 = 1{,}25$

$x + 0{,}5 = \pm\sqrt{1{,}25}$

$x_1 = -0{,}5 + \sqrt{1{,}25} \approx 0{,}62$

$x_2 = -0{,}5 - \sqrt{1{,}25} \approx -1{,}62$

c) $-x^2 + 2{,}5 = -1$

$x^2 = 3{,}5$

$x = \pm\sqrt{3{,}5}$

$x_1 = \sqrt{3{,}5} \approx 1{,}87$

$x_2 = -\sqrt{3{,}5} \approx -1{,}87$

55 **34. (1)** keinen Punkt: $y = 5$ (y-Achsenabschnitt $b > 3$)

(2) einen Punkt: $y = 3$ (hier gibt es nur diese Lösung)

(3) genau zwei Punkte: $y = -5$
(y-Achsenabschnitt $b < 3$, Steigung beliebig)

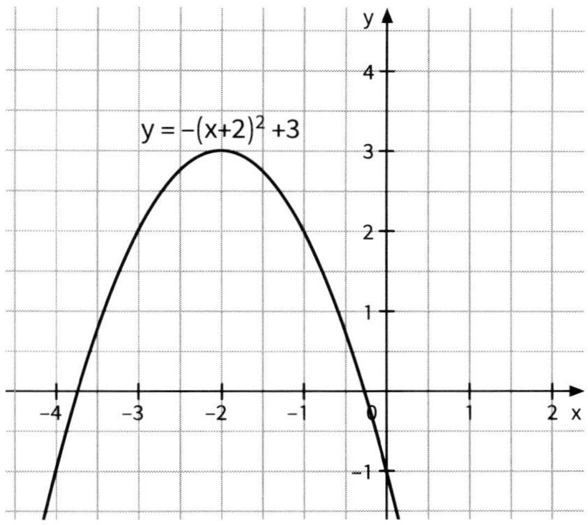

55 **35.a)** $S_1(1{,}4\,|\,3{,}8)$; $S_2(-1{,}4\,|\,-1{,}8)$

b) $-\frac{1}{2}(x-2)^2+4 = x^2+2x-1$

$\frac{3}{2}x^2 = 3$

$x^2 = 2$

$x_1 = \sqrt{2} \approx 1{,}41$

$x_2 = -\sqrt{2} \approx -1{,}41$

$f(\sqrt{2}) = (\sqrt{2})^2 + 2\cdot\sqrt{2} - 1$

$= 2 + 2\sqrt{2} - 1$

$= 2\sqrt{2} + 1 \approx 3{,}83$

$f(-\sqrt{2}) = (-\sqrt{2})^2 - 2\cdot\sqrt{2} - 1$

$= -2\sqrt{2} + 1 \approx -1{,}83$

$S_1(\sqrt{2}\,|\,2\sqrt{2}+1) \approx S_1(1{,}41\,|\,3{,}83)$;

$S_2(-\sqrt{2}\,|\,-2\sqrt{2}+1) \approx S_1(-1{,}41\,|\,-1{,}83)$

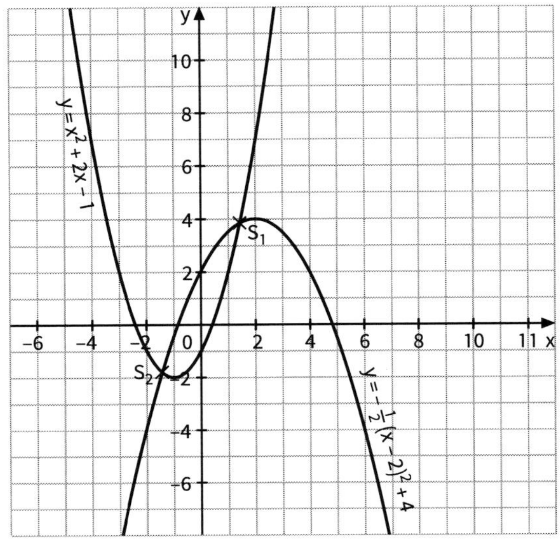

36.a) $x^2 = -\frac{5}{4}x^2 + 4 \quad |-x^2$

$0 = -\frac{9}{4}x^2 + 4 \quad |-4$

$-4 = -\frac{9}{4}x^2 \quad |:\left(-\frac{9}{4}\right)$

$\frac{16}{4} = x^2 \quad |\sqrt{\ }$

$x_1 = -\frac{4}{3}$ und $x_2 = \frac{4}{3}$

b) (1) $y = x^2 + 4$

(2) $y = x^2 + m$ mit $m > 4$

(Fehler im Arbeitsheft Auflage 1: bei 36 b) (2) muss es „keine Schnittpunkte“ heißen.)

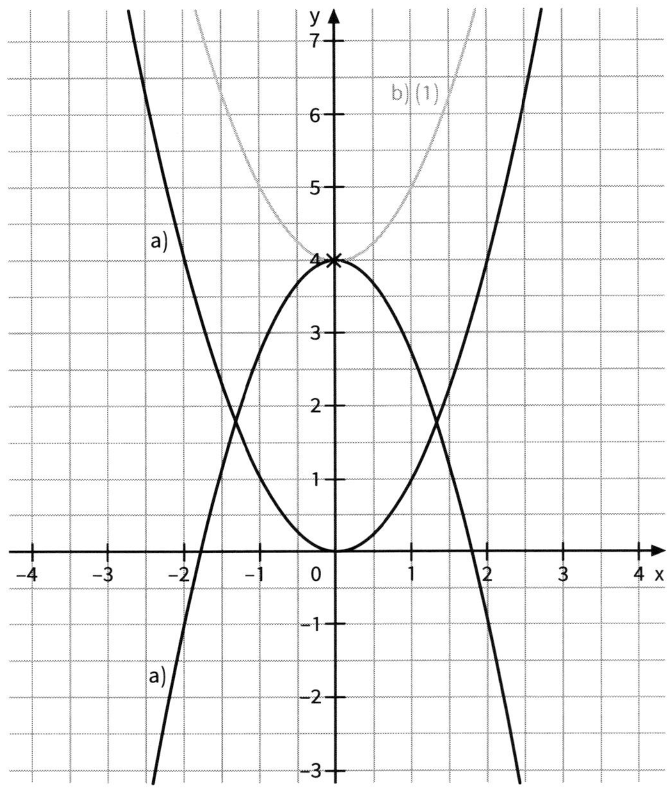

5.8 Modellieren – Anwenden von quadratischen Gleichungen

56 **37.** Bisheriges Grundstück: $A_1 = x^2$

Neues Grundstück: $A_2 = (x-2)(x+2{,}5)$

$A_1 + 5 = A_2$

$x^2 + 5 = (x-2)(x+2{,}5)$

$x^2 + 5 = x^2 + 0{,}5x - 5$

$5 = 0{,}5x - 5$

$10 = 0{,}5x$

$20 = x$

Das bisherige Grundstück hat die Maße 20 m × 20 m, das neue Grundstück die Maße 22,5 m × 18 m.

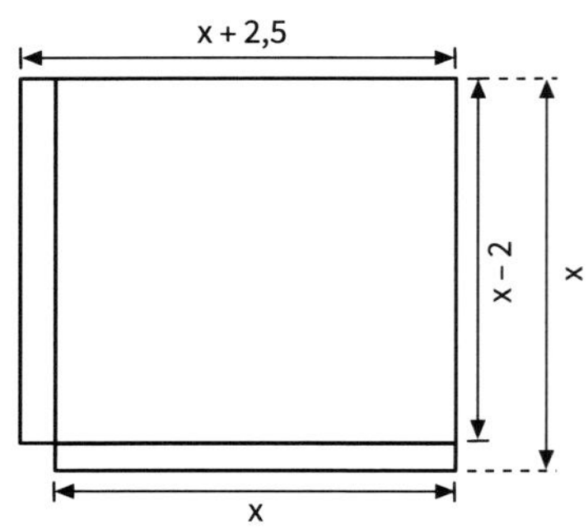

56 **38.** Die Gesamtfläche des Quadrates beträgt $4\,cm \cdot 4\,cm = 16\,cm^2$.
Da die Flächeninhalte der blauen und der gelben Fläche im Verhältnis 3 : 1 stehen, ergibt sich für die blaue Fläche ein Flächeninhalt von $12\,cm^2$ und für die gelbe Fläche ein Flächeninhalt von $4\,cm^2$.
Die Grundseite des Dreiecks lässt sich beschreiben durch $(4 - 2a)$.
Die Höhe des Dreiecks beträgt $(4 - a)$.
Bei bekanntem Flächeninhalt von $3\,cm^2$ lässt sich nun a bestimmen:
$A_{Dreieck} = \frac{g \cdot h}{2} = \frac{(4-2a)(4-a)}{2} = 4.$
Das Lösen der Gleichung liefert $a = 3 - \sqrt{5} \approx 0{,}76$ und $a = 3 + \sqrt{5} \approx 5{,}24$.
Die Lösung $a = 5{,}24\,cm$ kann man ausschließen, da die Seitenlänge des Quadrates nur 4 cm betragen soll.
Somit beträgt die Entfernung der Eckpunkte des Dreiecks von den Quadratseiten 0,76 cm.

5.9 Optimierungsprobleme mit quadratischen Funktionen – Lösungsstrategien

57 **39. a)**

Preissenkung (in €)	Verkaufspreis (in €)	Anzahl verkaufter Exemplare	Einnahme (in €)
0	1,00	250	250,00
0,10	0,90	300	270,00
0,20	0,80	350	280,00
0,30	0,70	400	280,00
0,40	0,60	450	270,00
0,50	0,50	500	250,00
0,60	0,40	550	220,00

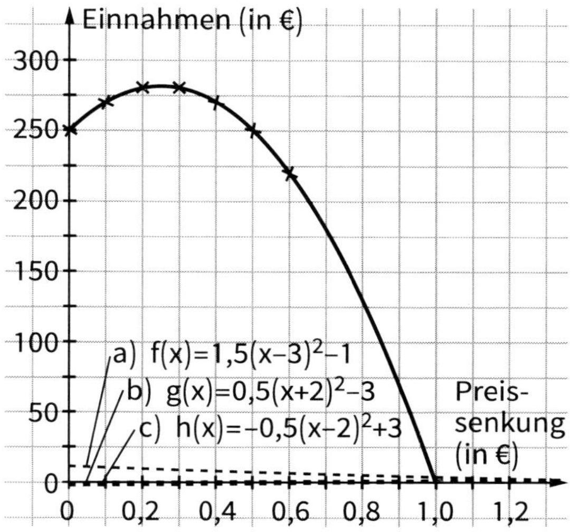

b) Es ist $f(x) = -500x^2 + 250x + 250$.
Das Maximum der Funktion liegt bei einer Preissenkung von $x = 0{,}25$ €. Somit beträgt der optimale Verkaufspreis für die Schülerzeitung 0,75 €. Damit würden Einnahmen in Höhe von 281,25 € generiert.

c) Dann wäre $f(x) = -500x^2 - 100x + 600$.
Der optimale Verkaufspreis muss über 1,00 € liegen, weil die Einnahmen bei einer Preissenkung direkt sinken. Der Hochpunkt der Funktion f liegt bei $(-0{,}1 \mid 605)$.
Somit sollte der Preis auf 1,10 € erhöht werden.
Dann würden Einnahmen in Höhe von 605 € generiert.

5.10 Satz von Vieta und seine Anwendung

58 **40.** $x^2 - x - 6 = 0$ mit $L = \{-2; 3\}$; $x^2 + x - 6 = 0$ mit $L = \{2, -3\}$; $x^2 - 5x + 6 = 0$ mit $L = \{2; 3\}$;
$x^2 + 5x + 6 = 0$ mit $L = \{-2; -3\}$; $x^2 - 6x + 9 = 0$ mit $L = \{3\}$

41. a) z. B. $x^2 + 3x - 4 = 0$ **b)** z. B. $x^2 - 30x + 225$

42. Beispiele sind: (1) $0 = (x-2)(x-3)$; (2) $0 = x^2 - 5x + 6$; (3) $0 = 2x^2 - 10x + 12$; (4) $3 = 3x^2 - 15x + 21$

58 **43.a)** $x^2 - 7x + 10 = 0$

$x_1 x_2$	x_1	x_2	$-(x_1 + x_2)$
10	1	10	−11
10	−1	−10	11
10	2	5	−7

$L = \{2, 5\}$

b) $x^2 - 9x + 20 = 0$

$x_1 x_2$	x_1	x_2	$-(x_1 + x_2)$
20	1	20	−21
20	−1	−20	21
20	2	10	−12
20	−2	−10	12
20	4	5	−9

$L = \{4, 5\}$

c) $x^2 - 8x + 16 = 0$

$x_1 x_2$	x_1	x_2	$-(x_1 + x_2)$
16	1	16	−17
16	−1	−16	17
16	2	8	−10
16	−2	−8	10
16	4	4	−8

$L = \{4\}$

(Fehler in Auflage 1 des Arbeitsheftes: bei b) muss es $x^2 - 9x + 20 = 0$ heißen)

5.11 Methode der Substitution – Biquadratische Gleichungen

59 **44.a)** $x^4 = x^2$; $L = \{-1; 0; 1\}$ $x^4 + x^2 = -1$; $L = \{\ \}$ $x^4 + x^2 = 0$; $L = \{0\}$ $x^4 + 3x^2 = 4$; $L = \{-2; -1; 1; 2\}$

b) Wähle den Weg der Substitution. Durch setzen von $x^2 = z$, lassen sich sich die Gleichungen auf ein Polynom zweiten Gerades zurückführen. Mithilfe der Lösungsformel sind diese lösbar. Anschließende Resubstitution führt dann auf die angegebenen Lösungen.
Bei der ersten und dritten Gleichungen ist es geschickter, die höchste Potenz auszuklammern und die Lösung zu berechnen.

(Fehler in Auflage 1 des Arbeitsheftes: die letzte Gleichung muss $x^4 + 3\mathbf{x^2} = 4$ lauten)

5.12 Quadratwurzelfunktion – Umkehrfunktion

45.a) $\sqrt{6} \approx 2{,}4$ **b)** $\sqrt{8{,}4} \approx 2{,}9$ **c)** $\sqrt{3{,}5} \approx 1{,}8$ **d)** $\sqrt{1{,}7} \approx 1{,}3$

46.a) Betrachtet man für die Funktion f die x-Werte, so stellt man fest, dass x-Werte die selben y-Werte haben. Kehrt man f um, so würden zwei x-Werten dieser Umkehrfunktion der gleiche y-Wert zugeordnet. Es liegt also keine Funktion mehr vor. Damit ist f nicht umkehrbar.

b) Mit der Einschränkung der Definitionsmenge auf $\{x \mid x \geq -2\}$ entsteht der Graph der Umkehrfunktion mit $f^{-1}(x) = \sqrt{2x - 2} - 2$

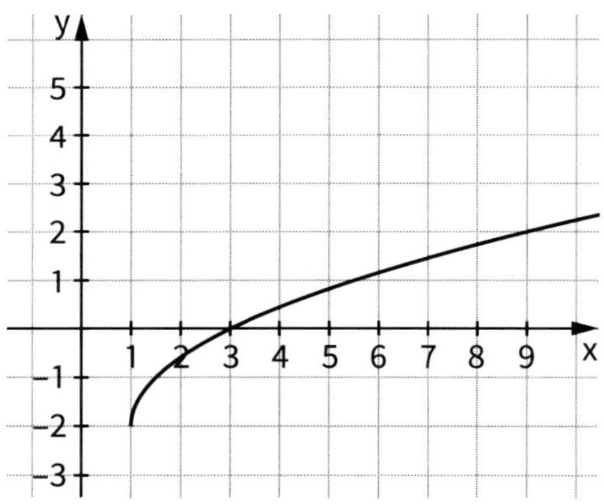

Bist du kompetent im Umgang mit Funktionen / Parabeln ?

60 **47.** *Parabel (1):*

$y = (x + 3)^2 - 4$

$x = -3$ ist die Symmetrieachse

$y = x^2 + 6x + 5$

um 4 nach unten verschoben

$S(-3|-4)$

Nullstellen bei $x_1 = -1$ und $x_2 = -5$

Parabel (2):

$S(3|1)$

auf die Hälfte gestaucht

keine Nullstellen

$y = \frac{1}{2}(x - 3)^2 + 1$

$y = \frac{1}{2}x^2 - 3x + 5{,}5$

Parabel (3):

gestreckt auf das $-1{,}5$-fache

$y = -1{,}5(x - 2)^2$

steigt, wenn $x < 2$

um 2 nach rechts verschoben

$A(0|-6)$, $B(4|-6)$

nur eine Nullstelle bei $x_1 = 2$

$y = -1{,}5x^2 + 6x - 6$

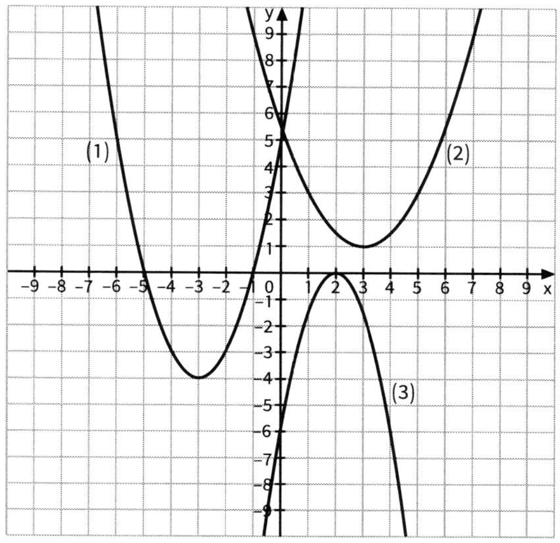

48. a) 140 m

b) $100 = 0{,}005v^2 + 0{,}3v$ $\quad 0 = v^2 + 60 - 20\,000 \quad L = \{-174{,}57;\ 114{,}57\}$

Bei etwas weniger als $115\,\frac{km}{h}$ beträgt der Anhalteweg 100 m.

c) (1) 20 m + 1 m = 21 m

(2) Bei $50\,\frac{km}{h}$ beträgt der Anhalteweg 27,5 m.

Er würde also theoretisch erst 6,5 m hinter dem Hindernis zu stehen kommen, d. h. der restliche Bremsweg (der Reaktionsweg entfällt) beträgt 6,5 m.

$6{,}5 = 0{,}005v^2$; also $1\,300 = v^2$. Dann ist $v = \pm\sqrt{1\,300} \approx \pm 36$.

Der Wagen prallt mit einer Geschwindigkeit von $36\,\frac{km}{h}$ auf das Hindernis.